临沂矿业集团大数据分析丛书

数据分析初步

——基于R语言

主编　张　超　刘春峰

中国矿业大学出版社
·徐州·

内容提要

本书根据数据分析的实际应用需求，通过对基本方法的梳理和讲解，按照使用频率与应用范围，对常见的数据分析方法进行了阐述，同时配以相应的例题，并对大部分例题进行了R语言的代码试验，给出了结果分析，让读者在学习方法的同时能够快速地通过代码试验，理解并掌握数据分析方法。全书共分12章，其中第1章和第2章主要介绍了数据分析的基本概念和常用的代码环境，第3章至第6章重点围绕数据分析中常见的极值与规划运筹问题进行了介绍，第7章至第11章重点介绍了数据分析与统计学相关的内容，最后第12章给出了常用的语言代码以及部分算例。

图书在版编目(CIP)数据

数据分析初步 ：基于R语言 / 张超，刘春峰主编
. — 徐州 ：中国矿业大学出版社，2020.6
ISBN 978-7-5646-4737-7

Ⅰ. ①数… Ⅱ. ①张… ②刘… Ⅲ. ①数据处理—教材 Ⅳ. ①TP274

中国版本图书馆CIP数据核字(2020)第074731号

书　　名　数据分析初步——基于R语言
主　　编　张　超　刘春峰
责任编辑　章　毅
出版发行　中国矿业大学出版社有限责任公司
（江苏省徐州市解放南路　邮编 221008）
营销热线　(0516)83884103　83885105
出版服务　(0516)83995789　83884920
网　　址　http://www.cumtp.com　**E-mail**:cumtpvip@cumtp.com
印　　刷　江苏淮阴新华印务有限公司
开　　本　787 mm×1092 mm　1/16　**印张** 8.25　**字数** 211千字
版次印次　2020年6月第1版　2020年6月第1次印刷
定　　价　33.00元

《数据分析初步——基于R语言》编写委员会

主　　编： 张　超　刘春峰

副 主 编： 邓晓刚　王俊美　王　晶　时彬彬　刘　彭

参编人员： 邵珠娟　王德民　李俊楠　闫家正

前　言

数据分析是指用适当的统计分析方法对收集来的大量数据进行分析，为提取有用信息和形成结论，而对数据加以详细研究和概括总结的过程。这一过程也是质量管理体系的支持过程。在实用中，数据分析可帮助人们作出判断，以便采取适当行动。

数据分析的数学基础在20世纪早期就已确立，但直到计算机的出现才使得实际操作成为可能，并使得数据分析得以推广。数据分析是数学与计算机科学相结合的产物。

数据分析有极广泛的应用范围。

典型的数据分析可能包含以下三个步骤：

① 探索性数据分析：当数据刚取得时，可能杂乱无章，看不出规律，通过作图、造表、用各种形式的方程拟合、计算某些特征量等手段探索规律性的可能形式，即试着解决往什么方向和用何种方式去寻找和揭示隐含在数据中的规律的问题。

② 模型选定分析：在探索性分析的基础上提出一类或几类可能的模型，然后通过进一步的分析从中挑选一定的模型。

③ 推断分析：通常使用数理统计方法对所定模型或估计的可靠程度和精确程度作出推断。

随着大数据的兴起，数据分析显得越来越重要，这不仅涉及复杂的数据处理，同时也直接关系到了数据获取的意义，因此随着各种思潮的兴起，很多的数据分析方法不断涌现，而与此同时对较多的初学者来说没有简单易学的书籍，本书的主要目的即是对刚刚接触数据分析而又对数据分析感兴趣的学生或者工作人员带来一些方法上的指导。同时每章中配有一定数量的典型案例帮助读者学习、理解。

由于编者水平所限，书中难免有不妥之处，敬请广大读者批评、指正。

编　者

2020年1月

目　录

1 数据分析初步概述

随着计算机技术、互联网技术、数据库技术等的高速发展，产生数据、获取数据、存储数据变得越来越容易，而这些数据里也隐含着人们在生产、生活中的一些规律。数据分析就是为了从数据中发现这些规律性的信息，帮助企业或个人预测未来的趋势和行为，作出具有针对性的决策，从而使得商务和生产活动具有前瞻性。

1.1 什么是数据分析

1.1.1 数据分析概念

数据分析是指用适当的统计分析方法对收集来的大量数据进行分析，以提取有用信息和形成结论，从而对数据加以详细研究和概括总结的过程。这一过程也是质量管理体系的支持过程。

数据分析是数学与计算机科学相结合的产物。20 世纪早期，数据分析的数学基础就已确立，但直到计算机的出现才使得实际操作成为可能，并使得数据分析得以推广。

在日常工作和生活中，我们经常不自觉地进行着或者接触到数据分析，比如手机费连续几个月的陡升，我们往往会查看这几个月的电子账单，查找电话费上升的原因。再比如，比较北京市各区房价，在考虑自身经济状况和位置的前提下，我们会选择价格与条件、性价比最高的房子。工作中数据分析的例子就更多了，比如销售额的增长状况、网络平台流量分析、推广效果、客户状况分布图等。以上这些都是数据分析。数据分析可帮助人们作出正确判断，为下一步行动辨明方向。

1.1.2 数据分析类型及方法简介

某些学者认为，数据分析分为三类：描述性数据分析、探索性数据分析和验证性数据分析。其中，探索性数据分析侧重于数据之中发现新的特征，而验证性数据分析则侧重于已有假设的证实或证伪。入门级的描述性数据分析，其方法主要有对比分析、平均分析、交叉分析；高级的探索性和验证性数据分析，分析方法主要有相关分析、回归分析、因子分析。这样的提法自有它的道理。在我们看来，实际上就分两类：描述性统计分析和计算性数据分析。

数据分析一般需要以下步骤。

(1) 明确分析目的

数据分析要根据目的选择分析方式。没有目的的数据分析往往会被数据本身淹没，深陷其中却抓不住数据分析的重点。因此分析前一定要明确目的，根据目的选择合适的分析方法。

数据分析的目的主要有三类：

① 对现状进行描述性分析，给决策者提供未来发展方向的依据。

② 对原因进行分析，弄清造成这种现状的原因。

③ 对事物将来的发展趋势进行预测，指导决策者做出相关应对措施。如向有利方向发展的趋势采取加强或鼓励措施；反之，则是通过有效手段降低、弱化甚至消除不利的发展趋势。

明确分析目的后，确定详细的分析思路，也就是找到目的达成的方法。在这一步骤，人们的习惯是参考现有的数据分析方法论画出解决问题的草图，先分析什么、后分析什么、怎么分析，都要详细地写在草图上，形成体系化的分析框架。

(2) 数据收集

有了分析框架，下一步就要收集适合分析框架的数据。比如，在互联网平台上采集数据，或实地考察记录数据等。

(3) 数据处理

数据处理常用的方法有四种：数据清洗，数据转化，数据提取与数据计算。处理数据，目的是将杂乱无章的数据处理成可以分析的数据。

(4) 数据分析

应用各种数据分析软件，对处理后的数据进行分析。

(5) 数据展现

将分析结果通过图像直观展现，即根据数据的实际情况，画出最能展现数据的图表。

(6) 数据报告

将数据分析的起因、过程、结果、建议等写成报告，要求条理清晰、一目了然。

数据分析方法论是帮助我们建立一个分析框架，比如分析什么、需先分析什么、哪些内容、哪些方面、各方面都有哪些指标。至于如何分析，用什么方法，那不是方法论的事情，那是数据分析的任务。说白了，方法论是数据分析的前期规划。

常用的数据分析方法有：PEST（政治-经济-社会-技术）方法、5W2H 方法（七问分析法）、逻辑树方法、4P（产品-价格-渠道-宣传）营销理论方法、用户行为理论方法、比较分析法 、分组分析法、综合评价法、漏斗图分析法等。

例如，某公司销售额是其他公司的好几倍（销售额指标），但是与上一年同比下降了一半（增减幅度指标），且推广投入与上一年相比也增加了好几倍（推广投入指标）。这种情况下，如果我们只逐次评价这些指标，而不是同时结合其他关联指标进行同时评价，那么很可能会得出极其错误的结论。这时可采用综合评价法。综合评价法的关键，是弄清各指标之间的关系和意义，同时评价，而不能评价哪个指标就只盯着哪个指标来看。

1.1.3 数据分析常用工具

数据分析常用工具软件有：

① Excel 表。

② Spss，Access，Pivot。

③ Python，R，VBA 等语言。

无论哪一种工具软件，都需要使用者对软件的功能有一定了解，而且对概率论和数理统计以及线性代数等数学知识比较熟悉，并且对优选法也有一定了解，甚至对数据开发和挖掘也有一定经验。

数据挖掘是数据分析中的一类，是一种高级数据分析方法。它和数学几乎没什么两样，属于数据分析难度的最高阶段。具体方法包括分类、聚类、关联和预测。

1.2 R 语 言

1.2.1 R 语言概述

R 语言是用于统计分析、图形表示和报告的编程语言和软件环境。R 语言由 Ross Ihaka 和 Robert Gentleman 在新西兰奥克兰大学创建，目前由 R 语言开发核心团队开发。

R 语言在 GNU 通用公共许可证下免费提供，并为各种操作系统（如 Linux，Windows 和 Mac）提供预编译的二进制版本。

命名为 R 语言是基于两个 R 语言作者名字的第一个字母（Robert Gentleman 和 Ross Ihaka），并且部分是贝尔实验室语言 S 的名称。

1.2.2 R 语言安装与环境设置

主要介绍 Windows 环境下 R 语言的安装。

R 语言可以从 https://cran. r-project. org/bin/windows/base/下载 R 的 Windows 安装程序版本，并将其保存在本地目录中。

因为它是一个名为“R-version-win. exe”的 Windows 安装程序(. exe)，所以只需运行安装程序，接受默认设置即可。如果你的 Windows 是 32 位版本，它将安装 32 位版本的。但是如果你的窗口是 64 位，那么它将会安装 32 位和 64 位版本的。

安装后可以找到该图标，在 Windows 程序文件下的目录结构“R\R3. 2. 2\bin\i386\Rgui. exe”中运行程序。单击此图标会打开 R-GUI，它是 R 控制台，用来执行 R 编程。

1.2.3 R 语言基本语法

下面简要介绍 R 语言编程。我们以编写一个“你好，世界!”的程序为例。根据需要，可以在 R 语言“命令提示符”处编程，也可以使用 R 语言脚本文件编写程序。

(1) 命令提示符

如果你已经配置好 R 语言环境，那么你只需要按以下的命令便可轻易开启命令提示符：

```
R
```

这将启动 R 语言解释器，你会得到一个提示“>”，在那里你可以开始输入你的程序，具体如下：

```
>myString <- "Hello, World!"
>print (myString)
[1] "Hello, World!"
```

在这里，第一个语句先定义一个字符串变量 myString，并将“Hello，World!”赋值其中，第二句则使用 print()语句将变量 myString 的内容进行打印。

(2) 脚本文件

通常在脚本文件中编写程序，然后在命令提示符下使用 R 解释器(称为 Rscript)来执行这些脚本。所以，可以在一个命名为 test.R 的文本文件中编写下面的代码：

```
# My first program in R Programming
myString <-"Hello, World!"
print (myString)
```

将上述代码保存在 test.R 文件中，并在 Linux 命令提示符下执行，如下所示：

```
Rscript test.R
```

当我们运行上面的程序，它产生以下结果：

```
[1] "Hello, World!"
```

(3) 注释

注释能帮助您解释 R 语言程序中的脚本，它们在实际执行程序时会被解释器忽略。单个注释在语句的开头使用#，如下所示：

```
# My first program in R Programming
```

R 语言不支持多行注释，但可以使用一个小技巧，即必须为内容加上单引号或双引号，如下所示：

```
if(FALSE) {
"This is a demo for multi-line comments and it should be put inside either a single
OR double quote"
}

myString <-"Hello, World!"
print (myString)
```

虽然上面的注释将由 R 解释器执行，但它们不会干扰实际程序。

1.2.4 R 语言统计示例

R 语言中的统计分析通过使用许多内置函数来执行。这些函数大多数是 R 语言基础包的一部分。这些函数将 R 语言向量作为输入和参数，并给出结果。在本章中，我们简要讨论的功能有平均值、中位数和模式。

① Mean 平均值。函数 mean()用于在 R 语言中计算平均值，是通过求出数据集的和再除以求和数的总量得到平均值。函数 mean()的基本语法是：

```
mean(x, trim = 0, na.rm = FALSE, ...);
```

其中，x 是输入向量；trim 用于从排序向量的两端丢弃一些观察结果；na. rm 用于从输入向量中删除缺失值。

【例 1-1】 执行程序：

```
# Create a vector.
x <-c(12,7,3,4.2,18,2,54,-21,8,-5)

# Find Mean.
result.mean <-mean(x)
print(result.mean)
```

执行结果显示：

```
[1] 8.22
```

② Median 中位数。函数 median()用于在 R 语言中计算数据系列中的最中间值，称为中值。函数 median()的基本语法是：

```
median(x, na.rm = FALSE);
```

其中，x 是输入向量；na. rm 用于从输入向量中删除缺失值。

【例 1-2】 执行程序：

```
# Create the vector.
x <-c(12,7,3,4.2,18,2,54,-21,8,-5)

# Find the median.
median.result <-median(x)
print(median.result)
```

执行结果显示：

```
[1] 5.6
```

③ Mode模式。模式是一组数据中出现次数最多的值。Unike平均值和中位数，模式可以同时包含数字和字符数据。

R语言没有标准的内置函数来计算模式。因此，需要创建一个用户函数来计算R语言中的数据集的模式。该函数将向量作为输入，并将模式值作为输出。

【例1-3】 执行程序：

```
# Create the function.
getmode <-function(v) {
  uniqv <-unique(v)
  uniqv[which.max(tabulate(match(v, uniqv)))]
}

# Create the vector with numbers.
v <-c(2,1,2,3,1,2,3,4,1,5,5,3,2,3)

# Calculate the mode using the user function.
result <-getmode(v)
print(result)

# Create the vector with characters.
charv <-c("o","it","the","it","it")

# Calculate the mode using the user function.
result <-getmode(charv)
print(result)
```

执行结果显示为：

```
[1] 2
[1] "it"
```

1.2.5 R语言资源

(1) R语言编程的相关链接

① R项目——官方R软件和文档。链接：https://www.r-project.org/。

② R语言编程——百度百科解释R语言编程。链接：https://baike.baidu.com/item/R语言编程/。

③ R Studio——强大的 R 编程 IDE。链接：https://cran.r-project.org/。

(2) R 语言相关的在编程上有用的书籍

如图 1-1 所示。

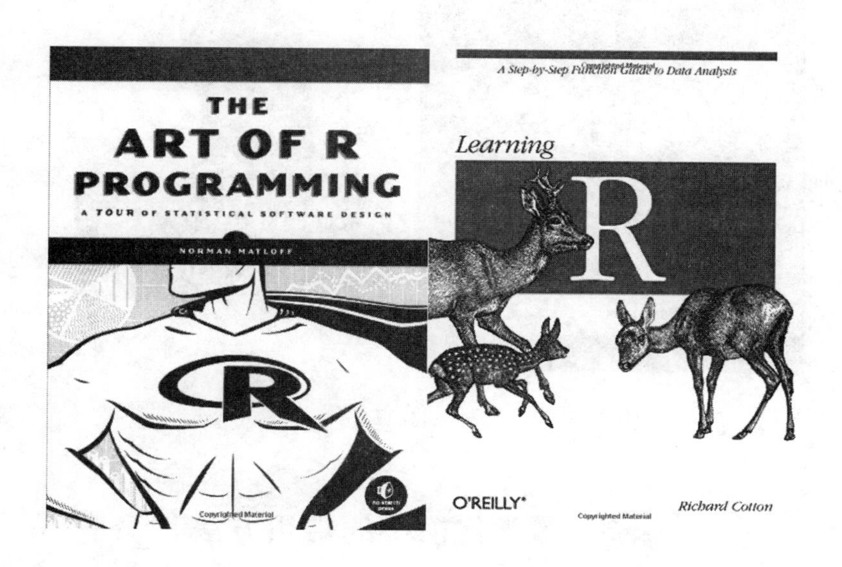

图 1-1 图书封面示意图

图 1-1 （续）

1.3 数学建模中的常用方法

1.3.1 什么是数学建模

人类社会正处在由工业化社会向信息化社会过渡的变革阶段。以数字化为特征的信息社会有两个显著特点:计算机技术的迅速发展与广泛应用;数学的应用向一切领域渗透。随着计算机技术的飞速发展,科学计算的作用越来越引起人们的广泛重视,它已经与科学理论和科学实验并列成为人们探索和研究自然界、人类社会的三大基本方法。

数学建模是对现实世界的特定对象,为了特定的目的,根据特有的内在规律,对其进行必要的抽象、归纳、假设和简化,运用适当的数学工具建立一个数学结构。数学建模就是运用数学的思想方法、数学的语言去近似地刻画一个实际研究对象,构建一座沟通现实世界与数学世界的桥梁,并以计算机为工具应用现代计算技术达到解决各种实际问题的目的。建立一个数学模型的全过程称为数学建模,如图 1-2 所示。

图 1-2 数学建模示意图

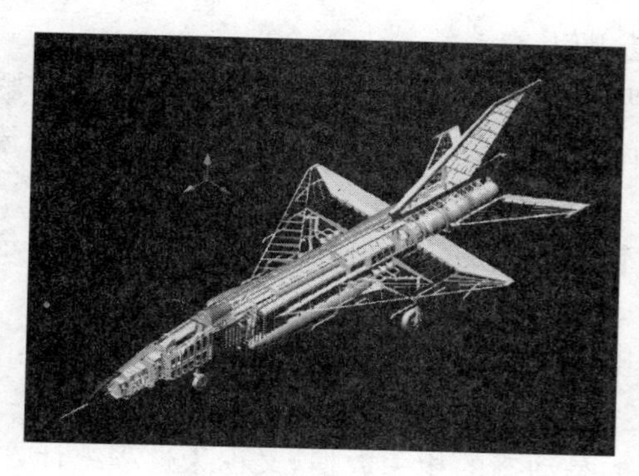

图 1-2 （续）

1.3.2 数学建模的基本步骤

(1) 模型准备

首先要了解问题的实际背景，明确建模目的，搜集必需的各种信息，尽量弄清对象的特征。

(2) 模型假设

根据对象的特征和建模目的，对问题进行必要的、合理的简化，用精确的语言作出假设，是建模至关重要的一步。如果对问题的所有因素一概考虑，无疑是一种有勇气但方法欠佳的行为，所以高超的建模者能充分发挥想象力、洞察力和判断力，善于辨别主次，而且为了使处理方法简单，应尽量使问题线性化、均匀化。

(3) 模型构成

根据所作的假设分析对象的因果关系，利用对象的内在规律和适当的数学工具，构造各个量间的等式关系或其他数学结构。

(4) 模型求解

模型求解可以采用解方程、画图形、证明定理、逻辑运算、数值运算等各种传统的和近代的数学方法，特别是计算机技术。一个实际问题的解决往往需要纷繁的计算，许多时候还得将系统运行情况用计算机模拟出来，因此编程和熟悉数学软件包能力便举足轻重。

(5) 模型分析

对模型解答进行数学上的分析。能否对模型结果作出细致精当的分析，决定了你的模型能否达到更高的档次。另外，需对模型进行误差分析、数据稳定性分析。

1.3.3 数学建模方法简介

数学建模采用的主要方法有：

(1) 机理分析法

机理分析法是根据对客观事物特性的认识从基本物理定律以及系统的结构数据来推导出模型。主要包括以下几种方法：

① 比例分析法：建立变量之间函数关系的最基本、最常用的方法。

② 代数方法：求解离散问题（离散的数据、符号、图形）的主要方法。

③ 逻辑方法：是数学理论研究的重要方法，对社会学和经济学等领域的实际问题，在决

策、对策等学科中得到广泛应用。

④ 常微分方程:解决两个变量之间的变化规律,关键是建立“瞬时变化率”的表达式。

⑤ 偏微分方程:解决因变量与两个以上自变量之间的变化规律。

(2) 数据分析法

数据分析法是通过对量测数据的统计分析,找出与数据拟合最好的模型。主要包括以下两种方法:

① 回归分析法:利用函数的一组观测值确定函数的表达式。由于处理的是静态的独立数据,故称为数理统计方法。

② 时序分析法:处理的是动态的相关数据,又称为过程统计方法。

(3) 仿真和其他方法

计算机仿真(模拟)实质上是统计估计方法,等效于抽样试验。

① 离散系统仿真:根据一组离散型状态变量构造仿真模型。

② 连续系统仿真:构造有解析表达式或系统结构图。

③ 因子试验法:在系统上做局部试验,再根据试验结果进行不断分析修改,求得所需的模型结构。

④ 人工现实法:基于对系统过去行为的了解和对未来希望达到的目标,并考虑到系统有关因素的可能变化,人为地组成一个系统。

(4) 现代优化算法

现代优化算法是20世纪80年代初兴起的启发式算法。这些算法包括禁忌搜索(tabu search),模拟退火(simulated annealing),遗传算法(genetic algorithms),人工神经网络(neural networks)。它们主要用于解决大量的实际应用问题。目前,这些算法在理论和实际应用方面得到了较大的发展。无论这些算法是怎样产生的,它们都有一个共同的目标——求NP-hard组合优化问题的全局最优解。虽然有这些目标,但NP-hard理论限制它们只能以启发式的算法去求解实际问题。

启发式算法包含的算法很多,例如解决复杂优化问题的蚁群算法(ant colony algorithms)。有些启发式算法是根据实际问题而产生的,如解空间分解、解空间的限制等;还有一类算法是集成算法,这些算法是诸多启发式算法的合成。

现代优化算法对解决组合优化问题,如旅行商问题(traveling salesman problem,TSP),二次分配问题(quadratic assignment problem,QAP),作业调度问题(job-shop scheduling problem,JSP)等效果很好。

2 最优化问题

2.1 最优化问题的基本概念

2.1.1 最优化问题的定义

最优化技术是一门较新的学科分支。它是20世纪50年代初在电子计算机广泛应用的推动下才得到迅速发展，并成为一门直到目前仍然十分活跃的新兴学科。最优化所研究的问题是在众多的可行方案中怎样选择最合理的一种以达到最优目标。

【定义2-1】 最优化问题(optimization problem)的一般提法是要选择一组参数(变量)，在满足一系列有关的限制条件(约束)下，使设计指标(目标)达到最优值。

【定义2-2】 数学模型就是对现实事物或问题的数学抽象或描述。

建立最优化问题数学模型的三要素如下：

(1) 决策变量和参数

决策变量是由数学模型的解确定的未知数。参数表示系统的控制变量，有确定性的也有随机性的。

(2) 约束或限制条件

由于现实系统的客观物质条件限制，模型必须包括把决策变量限制在它们可行值之内的约束条件，而这通常是用约束的数学函数形式来表示的。

(3) 目标函数

目标函数是系统决策变量的一个数学函数，用来衡量系统的效率，即系统追求的目标。

2.1.2 最优化问题的基本原理

设计变量与设计空间：

$$\begin{cases} \boldsymbol{X} = [x_1, x_2, \cdots, x_n]^{\mathrm{T}} \\ \text{s. t. } g_i(\boldsymbol{X}) \leqslant 0 \quad i = 1,2,\cdots,n \\ \quad h_j(\boldsymbol{X}) = 0 \quad j = 1,2,\cdots,n \\ \quad \max f(\boldsymbol{X}) \text{ or } \min f(\boldsymbol{X}) \end{cases} \tag{2-1}$$

式中的$\boldsymbol{X}$是n维实数空间中的一个向量，它由n个分量$x_1, x_2, \cdots, x_n$组成。它是在最优化过程中变化而决定设计方案的量，即在最优化中需要进行选择的一组数值，称为设计变量向量。从几何上讲，每个变量就是以各变量分量为坐标轴的变量空间的一个点。当$n=1$时，即只有一个变量分量，这个变量沿直线变化；当$n=2$时，即只有两个变量分量时，这个变量的所有点组成一平面；而当$n=3$时，组成立体空间。有三个以上变量分量时，则构成多维空间。设计空间的每一个设计变量向量对应于一个设计点，即对应于一个设计方案。设计空间包含了该项设计的所有可能方案。

式中的$f(\boldsymbol{X})$称为目标函数。它是设计变量向量的实值连续函数，通常还假定它有二阶连续偏导数。目标函数是比较可供选择的许多设计方案的依据，最优化的目的就是要使它取极值。在变量空间中，目标函数取某常值的所有点组成的面称为等值面，即它是使目标函数取同一常数值的点集：$\{\boldsymbol{X} \mid f(\boldsymbol{X})=c\}$，当$n=2$，即只有两个变量分量时为等值面。

等值面具有以下性质：

① 有不同值的等值面之间不相交。因为目标函数是单值函数。

② 除了极值点所在的等值面以外，不会在区域的内部中断，因为目标函数是连续函数。

③ 等值面稠密的地方，目标函数值变化得比较快；稀疏的地方变化得比较慢。

④ 一般地说，在极值点附近等值面近似地呈现为通信椭圆面族。

2.2 最优化问题的简单例题

2.2.1 无约束最优化问题

【例 2-1】 有三个造纸厂A_1、A_2和A_3，造纸量分别为16个单位、10个单位和22个单位，四个客户B_1、B_2、B_3和B_4的需求量分别为8个单位、14个单位、12个单位和14个单位。造纸厂到客户之间的单位运价如表2-1所示。试确定总运费最少的调运方案。

表 2-1 运费、产量及销量表

	B_1	B_2	B_3	B_4	产量
A_1	4	12	4	11	16
A_2	2	10	3	9	10
A_3	8	5	11	6	22
销量	8	14	12	14	48

解：总产量等于总销量，都为48个单位，这是一个产销平衡的运输问题。R代码及运行结果如下：

```
>library(lpSolve)
>costs<-matrix(c(4,2,8,12,10,5,4,3,11,11,9,6),nrow=3)
>row. signs<-rep("=",3)
>row. rhs<-c(16,10,22)
>col. signs<-rep("=",4)
>col. rhs<-c(8,14,12,14)
>res<-lp. transport(costs,"min",row. signs,row. rhs,col. signs,col. rhs)
>res
Success:the objective function is 244
>res $ solution
[,1] [,2] [,3] [,4]
```

```
[1,] 4  0 12 0
[2,] 4  0  0 6
[3,] 0 14  0 8
```

第 9 行输出结果表示问题成功解决,最少运费为 244,第 11～14 行为输出的运输矩阵,运送方案为：$A_1 \rightarrow B_1$,4 个单位;$A_1 \rightarrow B_3$,12 个单位;$A_2 \rightarrow B_1$,4 个单位;$A_2 \rightarrow B_4$,6 个单位;$A_3 \rightarrow B_2$,14 个单位;$A_3 \rightarrow B_4$,8 个单位。

2.2.2 指派问题

指派问题(assignment problem)是 0-1 整数规划问题。在实践中经常会遇到:有 m 项任务要 m 个人去完成(每人只完成一项工作),在分配过程中要充分考虑各人的知识、能力、经验等,应如何分配才能使工作效率最高或消耗的资源最少?这类问题就属于指派问题。引入 0-1 变量 x、i、j。

【例 2-2】 某商业公司计划开办 5 家新商店。为了尽早建成营业,商业公司决定由 5 家建筑公司分别承建。已知建筑公司 $A_i(i=1,2,\cdots,5)$ 对新商店 $B_j(j=1,2,\cdots,5)$ 的建造费用的报价(万元) 为 c_{ij},如表 2-2 所示。该公司应对 5 家建筑公司怎样分配建筑任务,才能使总的建筑费用最少?

表 2-2 建筑费用报价表 单位:万元

	B_1	B_2	B_3	B_4	B_5
A_1	4	8	7	15	12
A_2	7	9	17	14	10
A_3	6	9	12	8	7
A_4	6	7	14	6	10
A_5	6	9	12	10	6

解:这是一个标准的指派问题。R 代码及运行结果如下:

```
>library(lpSolve)
>x=matrix(c(4,7,6,6,6,8,9,9,7,9,7,17,12,14,12,15,14,8,6,10,12,10,7,10,6),ncol=5)
>lp.assign(x)
Success: the objective function is 34
>lp.assign(x) $ solution
[,1] [,2] [,3] [,4] [,5]
[1,] 0 0 1 0 0
[2,] 0 1 0 0 0
[3,] 1 0 0 0 0
[4,] 0 0 0 1 0
```

```
[5,] 0 0 0 0 1
```

从运行结果可以看出，最优解已经成功找到。由 lp. assign(x) $ solution 得知，最优指派方案是：A_1 承建 B_3，A_2 承建 B_2，A_3 承建 B_1，A_4 承建 B_4，A_5 承建 B_5。这样安排能使总费用最少，为 7＋9＋6＋6＋6＝34 万元。

3 一元与多元问题极值最值

极值，是“极大值”和“极小值”的统称。在数学分析中，函数的最大值和最小值统称为最值。皮埃尔·费马特(Pierre de Fermat)是第一位发现函数的最大值和最小值的数学家。最值问题是普遍的应用类问题，涉及类目广泛，是数学、物理中常见的类型题目。

3.1 一元函数极值

3.1.1 一元函数极值的定义

设函数 $f(x)$在 x_0 点的某邻域内有定义。若对任一 $x \in U^0(x_0)$，均有 $f(x) < f(x_0)$ $[f(x) > f(x_0)]$，则称 $f(x_0)$为函数 $f(x)$的极大值(极小值)，x_0 称为极大(小)值点。函数的极大值与极小值统称为极值。

3.1.2 一元函数取得极值的条件

(1) 必要条件

若函数 $f(x)$在点 x_0 可导，且 x_0 为极值点，则 $f'(x_0)=0$。我们称方程 $f'(x)=0$ 在定义域内的解为函数 $f(x)$的驻点(或稳定点)。

注：若函数 $f(x)$在点 x_0 不可导，x_0 也可能为极值点，例如，$f(x)=|x|$在点 $x=0$。

(2) 充分条件

设 x_0 为函数 $f(x)$的驻点或不可导点，并且 $f(x)$在 $U^0(x_0)$内连续，在 $U^0(x_0)$内可导。

① 若 $f'(x)$在 $U_-^0(x_0)$上 $f'(x)<0$，在 $U_+^0(x_0)$上 $f'(x)>0$，则 x_0 为极小值点；

② 若 $f'(x)$在 $U_-^0(x_0)$上 $f'(x)>0$，在 $U_+^0(x_0)$上 $f'(x)<0$，则 x_0 为极大值点；

③ 若 $f'(x)$在 $U_-^0(x_0)$与 $U_+^0(x_0)$上不变号，则 x_0 不是极值点。

3.1.3 求函数极值的一般步骤

① 求 $f'(x)$及函数的驻点和不可导点；

② 列表考察函数的单调性及极值点；

③ 求出相应的极值。

3.1.4 用 R 语言求解极值的方法

① 可以用 Newtons 方法求解导函数方程。

② 可以用 nlm()函数直接求解无约束问题。

3.2 一元函数最值

3.2.1 求函数最值的一般步骤

若 $f(x)$在闭区间$[a,b]$上连续,则 $f(x)$在$[a,b]$上一定有最大值和最小值。若最值在(a,b)内达到,则最值一定是极值,但也可能在端点 a,b 达到。故求函数最值可按下列步骤进行:

① 求函数的驻点和不可导点;

② 比较上述各点及端点处的函数值,其中最大者为最大值,最小者为最小值。

3.2.2 用R语言求解最值的方法

R代码如下:

```
mcga function (popsize, chsize, crossprob = 1, mutateprob = 0.01, elitism = 1,
minval, maxval, maxiter = 10, evalFunc)
```

参数说明如下:

① popsize:个体数量,即染色体数目;

② chsize:基因数量,限参数的数量;

③ crossprob:交配概率,默认为1;

④ mutateprob:突变概率,默认为0.01;

⑤ elitism:精英数量,直接复制到下一代的染色体数目,默认为1;

⑥ minval:随机生成初始种群的下边界值;

⑦ maxval:随机生成初始种群的上边界值;

⑧ maxiter:繁殖次数,即循环次数,默认为10;

⑨ evalFunc:适应度函数,用于给个体进行评价。

3.3 多元函数极值

假设函数 $z=f(x,y)$在点$p_0(x_0,y_0)$的某个邻域内有定义,对于该邻域内异于$p_0(x_0,y_0)$的任一点 $p(x,y)$,如果 $f(x,y)<f(x_0,y_0)$[或 $f(x,y)>f(x_0,y_0)$],则称点$p_0(x_0,y_0)$为函数 $z=f(x,y)$的极大值点(或极小值点)。$f(x_0,y_0)$为极大值(或极小值),极大值点和极小值点统称为极值点,极大值和极小值统称为极值。

3.3.1 多元函数取得极值的条件

(1) 必要条件

设函数 $z=f(x,y)$在点(x_0,y_0)具有偏导数,且在点(x_0,y_0)处有极值,则它在该点的偏导数必然为零,即$f_x(x_0,y_0)=0$,$f_y(x_0,y_0)=0$。

(2) 充分条件

设函数 $z=f(x,y)$ 在点 (x_0,y_0) 的某邻域内连续，且有一阶及二阶连续偏导数，又 $f_x(x_0,y_0)=0$，$f_y(x_0,y_0)=0$。

令 $f_{xx}(x_0,y_0)=A$，$f_{xy}(x_0,y_0)=B$，$f_{yy}(x_0,y_0)=C$：

① 当 $AC-B^2>0$ 时，函数 $z=f(x,y)$ 在点 (x_0,y_0) 取得极值，且当 $A<0$ 时，令 $f_{xx}(x_0,y_0)=A$，$f_{xy}(x_0,y_0)=B$，$f_{yy}(x_0,y_0)=C$，有极大值 $f(x_0,y_0)$，当 $A>0$ 时，有极小值 $f(x_0,y_0)$；

② 当 $AC-B^2<0$ 时，函数 $z=f(x,y)$ 在点 (x_0,y_0) 没有极值；

③ 当 $AC-B^2=0$ 时，函数 $z=f(x,y)$ 在点 (x_0,y_0) 可能有极值也可能没有极值。

3.3.2　条件极值

设函数 $f(x)$ 与 $g_1(x),\cdots,g_m(x)$ $(1\leqslant m<n)$ 在开集 $G\subset R$ 上给定。记 D 为 G 中满足限制条件 $g_j(x)=0(j=1,\cdots,m)$ 的点 x 之集。设 $x_0\in D$，若存在 x_0 的某个邻域 $U(x_0,\delta)$，使得当 $x\in U(x_0,\delta)$，同时 $x\in D$ 时有 $f(x)\leqslant f(x_0)[f(x)\geqslant f(x_0)]$，则称 x_0 点为函数 f 在限制条件 $g_j(x)=0$ 下的极大(小)值点。条件极大值点与条件极小值点统称为条件极值点。条件极大值点与条件极小值点的函数值即为函数 $f(x)$ 在限制条件 $g_j(x)$ 下的条件极值。

3.3.3　求解极值的一般步骤

第一步：解方程组 $f_x(x,y)=0$，$f_y(x,y)=0$，求出 $y=f(x,y)$ 的驻点。

第二步：对于每一个驻点 (x_0,y_0)，求出二阶偏导数的值 A，B 和 C。

第三步：定出 $AC-B^2$ 的符号，判定驻点是否为极值点。最后求出函数 $f(x,y)$ 在极值点处的极值。

3.3.4　用 R 语言求解极值的方法

① 可以用 Newtons 方法求解导函数方程。

② 可以用 nlm() 函数直接求解无约束问题。

3.4　多元函数最值

3.4.1　求解最值的一般步骤

求出区域内所有可能取极值的点及边界点，再将上述点的函数值进行比较，取出最大值和最小值。

3.4.2　用 R 语言求解最值的方法

R 代码如下：

```
mcga function (popsize, chsize, crossprob = 1, mutateprob = 0.01, elitism = 1,
minval, maxval, maxiter = 10, evalFunc)
```

3.5 求极值和最值的典型例题

【例 3-1】 求 $\min f(x)=100\ (x_2-x_1{}^2)^2+(1-x_1)^2$ 的极小点。

解：代码如下。

```
obj<-function(x){
f<-c(100*(x[2]-x[1]^2),1-x[1]);sum(f^2)
}
#source("Rosenbrock.R")
x0<-c(-1.2,1);nlm(obj,x0)
```

输出结果：

```
minimum
[1] 3.973766e-12
estimate
[1] 0.999998 0.999996
gradient
[1] -6.539256e-07  3.335987e-07
code
[1] 1
iterations
[1] 23
```

【例 3-2】 设 $f\ (x)=(x_1-5)^2+(x_2-55)^2+(x_3-555)^2+(x_4-5\ 555)^2+(x_5-55\ 555)^2$，计算 $f(x)$ 的最小值。

解：代码如下。

```
> f<-function(x){}
> m <-mcga( popsize=200, + chsize=5, + minval=0.0, + maxval=999999,+
maxiter=2500, + crossprob=1.0, + mutateprob=0.01, + evalFunc=f)
> print(m$population[1,])
[1] 5.000317 54.997099 554.999873 5555.003120 55554.218695
```

4 线性规划问题

在数学中，线性规划(linear programming，LP)问题是目标函数和约束条件都是线性的最优化问题。线性规划是最优化问题中的重要领域之一。很多运筹学中的实际问题都可以用线性规划来表述。线性规划的某些特殊情况，例如网络流、多商品流量等问题，都被认为非常重要，并有大量对其算法的专门研究。很多其他种类的最优化问题算法都可以分拆成线性规划子问题，然后求得解。在历史上，由线性规划引申出的很多概念，启发了最优化理论的核心概念，诸如“对偶”“分解”“凸性”的重要性及其一般化等。同样的，在微观经济学和商业管理领域，线性规划被大量应用于解决收入极大化或生产过程的成本极小化之类的问题。乔治·丹齐格被认为是线性规划之父。

4.1 线性规划问题的基本概念

4.1.1 线性规划问题的定义

【定义 4-1】 线性规划是运筹学中研究较早、发展较快、应用广泛、方法较成熟的一个重要分支，它是辅助人们进行科学管理的一种数学方法，也是研究线性约束条件下线性目标函数的极值问题的数学理论和方法。它是运筹学的一个重要分支，广泛应用于军事作战、经济分析、经营管理和工程技术等方面，为合理地利用有限的人力、物力、财力等资源作出的最优决策，提供科学的依据。

4.1.2 线性规划问题的基本原理

(1) 标准型

描述线性规划问题的常用和最直观形式是标准型。标准型包括以下三个部分。

① 一个需要极大化的线性函数：

$$c_1x_1 + c_2x_2$$

② 以下形式的问题约束：

$$a_{11} + a_{12}x_2 \leqslant b_1$$
$$a_{21} + a_{22}x_2 \leqslant b_2$$
$$a_{31} + a_{32}x_2 \leqslant b_3$$

③ 非负变量：

$$x_1 \geqslant 0$$
$$x_2 \geqslant 0$$

其他类型的问题，例如极小化问题、不同形式的约束问题和有负变量的问题，都可以改写成其等价问题的标准型。

(2) 模型建立

从实际问题中建立数学模型一般有以下三个步骤：

① 根据影响所要达到目的的因素找到决策变量；

② 由决策变量和所要达到目的之间的函数关系确定目标函数；

③ 由决策变量所受的限制条件确定决策变量所要满足的约束条件。

所建立的数学模型具有以下特点：

① 每个模型都有若干个决策变量($x_1,x_2,x_3,\cdots,x_n$)，其中 n 为决策变量个数。决策变量的一组值表示一种方案，同时决策变量一般是非负的。

② 目标函数是决策变量的线性函数，根据具体问题可以是最大化(max)或最小化(min)，二者统称为最优化(opt)。

③ 约束条件也是决策变量的线性函数。

当我们得到的数学模型的目标函数为线性函数，约束条件为线性等式或不等式时称此数学模型为线性规划模型。

4.2 线性规划问题的简单例题

4.2.1 成本最低问题

【例 4-1】 某化工厂生产某项化学产品，每单位标准质量为 1 000 g，由 A、B、C 三种化学物混合而成。产品组成成分是每单位产品中 A 不超过 300 g，B 不少于 150 g，C 不少于 200 g。A、B、C 每克成本分别为 5 元、6 元、7 元。如何配置此化学产品，才能使成本最低？

解：设产品 A 为 x_1，产品 B 为 x_2，产品 C 为 x_3，x_1、x_2、x_3 单位为 g，线性规划如下：

$$\min z=5x_1+6x_2+7x_3$$

$$\begin{cases} x_1\leqslant 300 \\ x_2\geqslant 150 \\ x_3\geqslant 200 \\ x_1+x_2+x_3=1\,000 \\ x_1,x_2,x_3\geqslant 0 \end{cases}$$

程序代码如下：

```
> library(lpSolve)
> f.obj<-c(5,6,7)
> f.con<-matrix(c(1,0,0,0,1,0,0,0,1,1,1,1),nrow=4,byrow=TRUE)
> f.dir<-c("<=",">=",">=","=")
> f.rhs<-c(300,150,200,1000)
> lp.result<-lp("min",f.obj,f.con,f.dir,f.rhs)
> lp.result
Success: the objective function is 5900
> lp.result$solution
[1] 300 500 200
```

4.2.2 利润最大问题

【例 4-2】 一家玩具公司制造三种玩具，每一种要求不同的制造技术。高级的一种需要 17 h 加工装配，8 h 检测，每台利润 30 元；中级的一种需要 2 h 加工装配，0.5 h 检验，每台利润 5 元；低级的一种需 0.5 h 加工装配，10 min 检测，每台利润 1 元。现公司可供利用的加工装配时间为 500 h，检测时间为 100 h。市场预测显示，对高级、中级、低级玩具的需求量分别不超过 10 台、30 台、100 台，试制定一个能够使总利润最大的生产计划。

解：设高级玩具数量为 x_1 台，中级玩具数量为 x_2 台，低级玩具数量为 x_3 台，线性规划如下：

$$\max z = 30x_1 + 5x_2 + x_3$$

$$\begin{cases} 17x_1 + 2x_2 + 1/2x_3 \leqslant 500 \\ 8x_1 + 1/2x_2 + 1/6x_3 \leqslant 100 \\ x_1 \leqslant 10 \\ x_2 \leqslant 30 \\ x_3 \leqslant 100 \\ x_1, x_2, x_3 \geqslant 0 \end{cases}$$

程序代码如下：

```
>library(lpSolve)
>f.obj<-c(30,5,1)
>f.con<-matrix(c(17,2,0.5,8,0.5,1/6,1,0,0,0,1,0,0,0,1),nrow=5,byrow=
TRUE)
>f.dir<-c("<=","<=","<=","<=","<=")
>f.rhs<-c(500,100,10,30,100)
>lp.result<-lp("max",f.obj,f.con,f.dir,f.rhs)
>lp.result
Success: the objective function is 506.25
> lp.result$solution
[1] 8.541667 30.000000 100.000000
```

4.2.3 对偶问题

【例 4-3】 试求下述线性规划问题的对偶问题。

$$\min z = 2x_1 + 3x_2 - 5x_3 + x_4$$

$$\begin{cases} x_1 + x_2 - 3x_3 + x_4 \geqslant 5 \\ 2x_1 + x_3 - x_4 \leqslant 4 \\ x_2 + x_3 + x_4 = 6 \\ x_1 \leqslant 0; x_2, x_3 \geqslant 0; x_4 \text{ 无约束} \end{cases}$$

解：对偶问题的线性规划如下：

$$\max z' = 5y_1 + 4y_2 + 6y_3$$

$$\begin{cases} y_1 + 2y_2 \geqslant 2 \\ y_1 + \ \ y_3 \leqslant 3 \\ -3y_1 + 2y_2 + y_3 \leqslant -5 \\ y_1 - y_2 + y_3 = 1 \\ y_1 \geqslant 0, y_2 \leqslant 0, y_3 \text{ 无约束} \end{cases}$$

程序代码如下：

```
> f.obj<-c(30,5,1)
> f.obj<-c(5,4,6)
> f.con<-matrix(c(1,2,0,1,0,2,-3,2,1,1,-1,1),nrow=4,byrow=TRUE)
> f.dir<-c(">=","<=","<=","=")
> f.rhs<-c(2,3,-5,1)
> lp.result<-lp("max",f.obj,f.con,f.dir,f.rhs)
> lp.result
Success: the objective function is 23
> lp.result$solution
[1] 3 2 0
```

5　动态规划

动态规划(dynamic programming)是运筹学的一个分支，是求解决策过程(decision process)最优化的数学方法。20 世纪 50 年代初美国数学家贝尔曼(R. E. Bellman)等人在研究多阶段决策过程(multistep decision process)的优化问题时，提出了著名的最优化原理(principle of optimality)，把多阶段过程转化为一系列单阶段问题，利用各阶段之间的关系，逐个求解，创立了解决这类过程优化问题的新方法——动态规划。

5.1　动态规划的基本概念

5.1.1　动态规划的定义

动态规划算法是通过拆分问题，定义问题状态和状态之间的关系，使得问题能够以递推(或者说分治)的方式去解决的算法。

动态规划算法的基本思想与分治法类似，也是将待求解的问题分解为若干个子问题(阶段)，按顺序求解子阶段，前一子问题的解，为后一子问题的求解提供了有用的信息。在求解任一子问题时，列出各种可能的局部解，通过决策保留那些有可能达到最优的局部解，丢弃其他局部解。依次解决各子问题，最后一个子问题就是初始问题的解。

5.1.2　动态规划的基本原理

动态规划的实质是分治思想和解决冗余，因此，动态规划是一种将问题实例分解为更小的、相似的子问题，并存储子问题的解而避免计算重复的子问题，以解决最优化问题的算法策略。由此可知，动态规划法与分治法和贪心法类似，它们都是将问题实例归纳为更小的、相似的子问题，并通过求解子问题产生一个全局最优解。

动态规划法所针对的问题有一个显著的特征，即它所对应的子问题树中的子问题呈现大量的重复。动态规划法的关键就在于，对于重复出现的子问题，只在第一次遇到时加以求解，并把答案保存起来，让以后再遇到时直接引用，不必重新求解。

5.2　动态规划的简单例题

5.2.1　拿货问题

【例 5-1】　如果不能到两个相邻的房间内拿货物，并给定一个数组列表，每个元素代表每间房子中的货物的数目，则货物员一次最多能拿多少货物?

解:这是一道典型的动态规划类型的题目，在一次拿货过程中有多种实施方案，每个方案的结果(拿到的货物数目)不一定一样，目的就是要求出能得到最大数目的方案。假设给定的数组列表如图 5-1 所示。

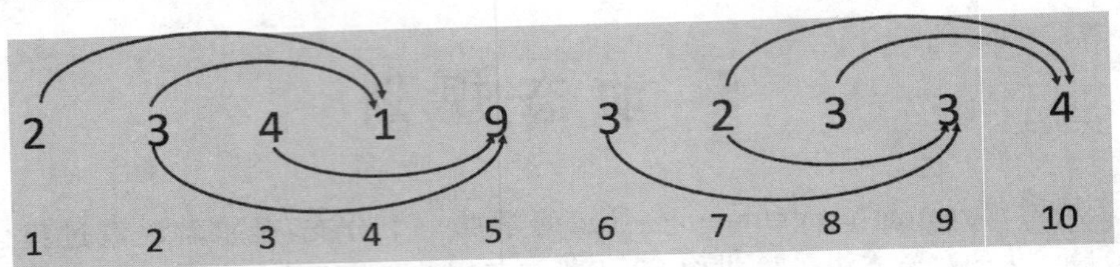

图 5-1 数组列表

可以看到总共有 10 间房子，并且其中每间房子的货物数量用粗黑色字体的数字标示。

具体算法思路如下：

① 假设货物员拿货的顺序是按照从左往右，那么最终停止的位置只能是 9 或 10；

② 如果从位置 10 往前回溯，分别有两个可以选择的房子 7 和 8，位置 9 也是一样的；

③ 需要选择从左边开始到货物数目最大的那个房子，那么可以看到这是一个递归的过程；

④ 因为中间会有一些重复的计算，比如在求位置 10 的向前回溯的时候，需要计算位置 7 的货物值，计算位置 9 前溯同样需要计算位置 7 的货物，所以我们需要将已经计算过的值进行记录。

程序代码如下：

```
#include <iostream>
#include <string>
#include <vector>
#include <algorithm>
using namespace std;
class huowu
{
public:
    int rob(vector<int>& nums)
    {
        int len = nums.size();
        maxRob.resize(len, -1);
        int m1 = robRec(nums, len-1);
        int m2 = robRec(nums, len-2);
        return m1 > m2? m1:m2;
    }
    int robRec(vector<int>&nums, int pos)
    {
        if (pos < 0)
```

```
        return 0;
    if (maxRob[pos] >= 0)//判断是否已经计算过当前位置的值
        return maxRob[pos];
        int max1 = robRec(nums, pos-2);
        int max2 = robRec(nums, pos-3);
        maxRob[pos] =(max1 > max2? max1:max2) + nums[pos];
        return maxRob[pos];
}
private:
  vector<int> maxRob;
};
int main()
{
  int arr[] = {2,3,4,1,9 ,3 ,2, 3, 3 ,4};
  huowu so;
  vector<int> int_vec(arr, arr+sizeof(arr)/sizeof(int));
  cout << so.rob(int_vec);
  return 0;
}
```

5.2.2 铺设红地毯问题

【例 5-2】 假设有一家超市门前的一条长路需要铺设红地毯，现有 1 m、3 m、5 m 的红毯（宽度相同），数量若干，如何用最少的红毯数凑够 11 m。如果需要凑够 i 长度呢？

解：遇到此类问题，我们通常会想到缩小问题规模，例如，现在要凑够 0 m，因为所有红毯的长度都大于 0 m，所以，只需要 0 张红毯就可以。以此类推，可得到状态转移方程，$d(i)=\min\{ d(i-v_j)+1 \}$，其中 $i-v_j\geqslant 0$，v_j 表示第 j 个红毯的长度，i 为所需要凑够的长度。

程序代码如下：

```
#include <stdio.h>
#include <stdlib.h>
#include <string.h>
int DP_leasthongtan(const int hongtan[], int length)
{
  int *d = (int *)malloc(sizeof(int) * (length + 1));
  memset(d, 0, sizeof(int) * length);
  int iterx = 0, itery = 0;
  int MIN = 0;
```

```
    int result = 0;
    d[0] = 0;
    for(iterx = 1; iterx  <= length; iterx++)
    {
      for(itery = 0; itery < 3 && iterx >= hongtan[itery]; itery++)
      {
        if(iterx - hongtan[itery] == 1) continue;//当红毯没有 1 m 时
        if(itery == 0)
        {
        MIN = d[iterx - hongtan[itery]] + 1;
        }
        else if(MIN > (d[iterx - hongtan[itery]] + 1))
        {
        MIN = (d[iterx - hongtan[itery]] + 1);
        }
      }
      d[iterx] = MIN;
    }
    printf("要凑的长度   MIN\n");
    for(iterx = 0; iterx <= length; iterx++)
    {
      printf("序号%-3d : %d\n", iterx, d[iterx]);
    }

    result = d[length];
    free(d);
    return result;
}
int main(void)
{
    const int hongtan[3] = {2, 3, 5};
    printf("\nThe result is %d \n", DP_leasthongtan(hongtan, 112));
    return 0;
}
```

5.2.3 数字三角形问题

【例 5-3】 数字三角形问题，如图 5-2 所示，从顶部出发，在每一个结点可以选择向左或是向右走，一直走到底层。试设计一个算法，计算出从三角形的顶部至底部的一条路径，使该路径经过的数字总和最大。

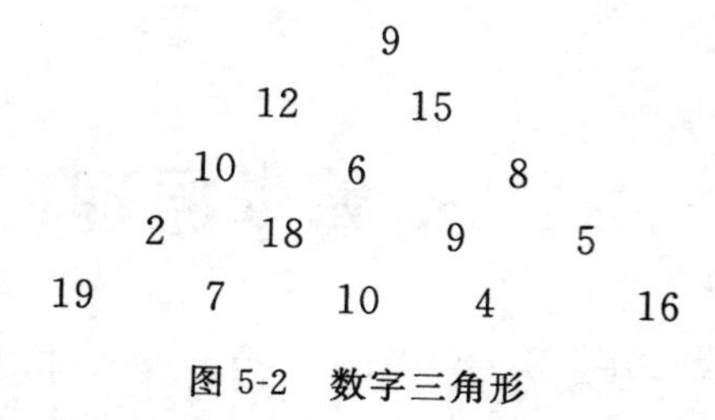

图 5-2 数字三角形

解:从数字三角形的特点来看,不难发现解决问题的阶段划分,应该是自下而上逐层决策。在此处,动态规划算法是逐层递推的。

从最后一层递推后得到如下结果:

9

12 15

10 6 8

21 28 19 21

使用数组 tri 存储数字三角形,三角形的最左边一列存储在数组的第 0 列,以此类推。

因此状态转移方程如下:

$tri[i][j]=tri[i][j]+\max\{tri[i+1][j],tri[i+1][j+1]\}$,其中 $i=n-2,n-3,\cdots,0$,$0\leqslant j\leqslant i$。

程序代码如下:

```
#include<bits/stdc++.h>
using namespace std;
int n,a[1002][1002],F[1002][1002],G[1002][1002];
main()
{
  scanf("%d",&n);
  for(int i=1;i<=n;i++)
    for(int j=1;j<=i;j++)
    {
      scanf("%d",&a[i][j]);
      F[i][j]=a[i][j];
    }
  for(int i=n-1;i>0;i--)
    for(int j=1;j<=i;j++)
    {
      F[i][j]+=max(F[i+1][j],F[i+1][j+1]);
  G[i][j]=max(*max_element(F[i+1]+1,F[i+1]+i+2),max(G[i+1][j],
G[i+1][j+1]))+a[i][j];
    }
  printf("%d",max(F[1][1],G[1][1]));
}
```

6 运筹学原理

运筹学，是20世纪30年代初发展起来的一门新兴学科，其主要目的是在决策时为管理人员提供科学依据，是实现有效管理、正确决策和现代化管理的重要方法之一。它应用于数学和形式科学的跨领域研究，利用统计学、数学模型和算法等方法，去寻找复杂问题中的最佳或近似最佳的解答。

6.1 运筹学的基本概念

6.1.1 运筹学的定义

运筹学直译为运作研究，由于运筹学研究的广泛性和复杂性，人们至今没有形成一个统一的定义。以下给出几种定义：

① 运筹学是一种科学决策的方法。

② 运筹学是依据给定目标和条件从众多方案中选择最优方案的最优化技术。

③ 运筹学是一门寻求在给定资源条件下，如何设计和运行一个系统的科学决策的方法。

④ 运筹学就是利用计划的方法和多学科专家组成的队伍，把复杂的功能关系表示成数学模型，其目的是通过定量分析为决策和揭露新问题提供数量依据。

6.1.2 运筹学的模型

(1) 运筹学的基本模型

① 形象模型；

② 模拟模型；

③ 符号或数学模型。

(2) 运筹学构造模型的方法

① 直接分析法：按研究者对问题内在机理的认识直接构造出模型。运筹学中已有不少现成的模型，例如线性规划模型、投入产出模型、排队模型、存储模型、决策和对策模型等。这些模型都有很好的求解方法及求解的软件，但用这些现成的模型研究问题时要注意不能生搬硬套。

② 类比法：有些问题，可以用不同方法构造出模型，而这些模型的结构性质是类同的，这就可以互相类比。

③ 数据分析法：对有些问题的机理尚未了解清楚，若能搜集到与此问题密切相关的大量数据或通过某些试验获得大量数据，就可以运用统计分析法建模。

④ 试验分析法：当有些问题的机理不清，又不能做大量试验来获得数据，这时只能通过做局部试验的数据加上分析来构造模型。

⑤ 想定(构想)想法:有些问题的机理不清,又缺少数据,又不能做试验来获得数据时,人们只能在已有的知识、经验和某些研究的基础上对于将来可能发生的情况给出合乎逻辑的设想和描述,然后运用已有的方法构造模型并不断修正完善,直到满意为止。在研究社会问题时,国内外有人提出人工社会的构思,与这条建模思路有相似之处。人们可以利用计算机在社会中进行大量的计算机试验,然后在真实社会得到验证,或者通过人工社会获得真实社会一时未能预知的方案和结果。

6.1.3 运筹学的求解方法

主要是数学方法。

6.1.4 运筹学的应用

① 市场销售;
② 生产计划;
③ 运输问题;
④ 财政和会计;
⑤ 人事管理;
⑥ 设备维修和更新;
⑦ 工程的优化;
⑧ 城市管理;
⑨ 库存管理。

6.2 运筹学的简单例题

6.2.1 线性规划

【例 6-1】 某工厂要生产Ⅰ、Ⅱ、Ⅲ三种商品,需要用到三种原料 A、B、C,已知每生产 1 单位的Ⅰ、Ⅱ、Ⅲ商品分别需要的成本为 2、4、3,生产单位商品所需的原料如表 6-1 所示。

表 6-1 原料参数

	Ⅰ	Ⅱ	Ⅲ	现有条件
A	3	4	2	60
B	2	1	2	40
C	1	3	2	80

如何生产商品能使消耗成本最低?

解:设生产Ⅰ、Ⅱ、Ⅲ商品分别消耗的原料 A、B、C 为 x_1、x_2、x_3,所得线性规划如下:

$$\min(z=2x_1+4x_2+3x_3)$$

$$3x_1+4x_2+2x_3\leqslant 60$$

$$2x_1+x_2+2x_3\leqslant 40$$

$$x_1+3x_2+2x_3\leqslant 80$$

其中 x_1、x_2、x_3 是非负实数。

程序代码如下：

```
obj <-c(2, 4, 3)
mat <-matrix(c(3, 2, 1, 4, 1, 3, 2, 2, 2), nrow = 3)# [,1] [,2] [,3]# [1,] 3 4 2# [2,] 2 1 2# [3,]     1 3 2
dir <-c("<=", "<=", "<=")
rhs <-c(60, 40, 80)
max <-TRUE
Rglpk_solve_LP(obj, mat, dir, rhs, max = max)
# optimum
# [1] 76.66667
# solution
# [1] 0.000000 6.666667 16.666667
# status
# [1] 0
# solution_dual
# [1] -1.833333 0.000000 0.000000
# auxiliary
# auxiliary $ primal
# [1] 60.00000 40.00000 53.33333
# auxiliary $ dual
# [1] 0.8333333 0.6666667 0.0000000
```

6.2.2 整数规划问题

【例 6-2】 求解如下整数线性规划。

$$\min(z=3x_1+x_2+3x_3)$$

$$-x_1+2x_2+x_3\leqslant 4$$

$$4x_2-3x_3\leqslant 2$$

$$x_1-3x_2+2x_3\leqslant 3$$

其中 x_1、x_2、x_3 是非负整数。

解：程序代码如下：

```
obj <-c(3, 1, 3)
mat <-matrix(c(-1, 0, 1, 2, 4, -3, 1, -3, 2), nrow = 3)
# [,1] [,2] [,3]
# [1,] -1   2   1
# [2,]   0   4 -3
```

```
# [3,]   1 -3   2
dir <-c("<=", "<=", "<=")
rhs <-c(4, 2, 3)
types <-c("I", "I", "I")
max <-TRUE

Rglpk_solve_LP(obj, mat, dir, rhs, types = types, max = max)
# $optimum
# [1] 26
# solution
# [1] 5.00 2.00 3.00
```

6.2.3　运输问题

【例 6-3】 求解 6 个生产点($A_1 \sim A_6$)到 8 个销售点($B_1 \sim B_8$)的最小费用的运输问题，如表 6-2 所示。

表 6-2　运费、产量及人流量表

	B_1	B_2	B_3	B_4	B_5	B_6	B_7	B_8	产量
A_1	6	2	6	7	4	2	5	9	60
A_2	4	9	5	3	8	5	8	2	55
A_3	5	2	1	9	7	4	3	3	51
A_4	7	6	7	3	9	2	9	1	43
A_5	2	3	9	5	7	2	6	5	41
A_6	5	5	2	2	8	1	4	3	52
销量	35	37	22	32	41	32	43	38	

解:运用表上的作业法可得到最优运输方案。

程序代码如下：

```
library(lpSolve)
costs<-matrix(c(6,4,5,7,2,5,2,9,2,6,3,5,6,5,1,7,9,2,7,3,9,3,5,2,4,8,7,9,7,
8,2,5,4,2,2,1,5,8,3,7,6,4,9,2,3,1,5,3),nrow=6)//运费矩阵
row. signs<-rep("<=",6)//产量约束符号
row. rhs<-c(60,55,51,43,41,52)//产量约束向量
col. signs<-rep("=",8)//销量约束符号
col. rhs<-c(35,37,22,32,41,32,43,38)//销量约束向量
res<-lp. transport(costs,"min",row. signs,row. rhs,col. signs, col. rhs)
res
Success: the objective function is 664
```

```
res $ solution

[,1] [,2] [,3] [,4] [,5] [,6] [,7] [,8]
[1,]    0   19    0    0   41    0    0    0
[2,]    0    0    0   32    0    0    0    1
[3,]    0   12    0    0    0    0   39    0
[4,]    0    0    0    0    0    6    0   37
[5,]   35    6    0    0    0    0    0    0
[6,]    0    0   22    0    0   26    4    0
```

由 R 输出结果可知,6 个生产点和 8 个销售点的最小运费为 664,相应的运送方案为:$A_1 \rightarrow B_2$ 为 19 个单位,$A_1 \rightarrow B_5$ 为 41 个单位;$A_2 \rightarrow B_4$ 为 32 个单位,$A_2 \rightarrow B_8$ 为 1 个单位;$A_3 \rightarrow B_2$ 为 12 个单位,$A_3 \rightarrow B_7$ 为 39 个单位;$A_4 \rightarrow B_6$ 为 6 个单位,$A_4 \rightarrow B_8$ 为 37 个单位;$A_5 \rightarrow B_1$ 为 35 个单位,$A_5 \rightarrow B_2$ 为 6 个单位;$A_6 \rightarrow B_3$ 为 22 个单位,$A_6 \rightarrow B_6$ 为 26 个单位,$A_6 \rightarrow B_7$ 为 4 个单位。

7 试验设计与方差分析

科学合理的试验设计是获得可靠数据资料的保障，进行试验设计时必须遵循重复、随机和局部控制三个原则。方差分析作为重要的统计方法之一，对两个或两个以上总体均值进行差异显著性的检验，找出变异原因。按因素多少，方差分析包括单因素方差分析，双因素方差分析和多因素方差分析。

20 世纪 20 年代，英国统计学家费歇(R. A. Fisher)为满足农业科学试验的需要而提出试验设计。试验设计作为统计学的一个分支，是进行科学研究的重要工具。试验设计包含丰富的内容，其主要数据分析方法是方差分析。方差分析是对数据产生变异原因加以分析，找出变异来源的一种方法和技术。

7.1 试验设计概述

7.1.1 试验设计的意义

试验设计的任务是在研究工作进行之前，根据研究项目的需要，应用数理统计原理，作出周密安排，力求用较少的人力、物力和时间，最大限度地获得丰富而可靠的试验数据，从而通过分析得出正确结论。试验设计的内容主要包括试验单位的选取、重复数目的确定及试验单位的分组等。

7.1.2 试验设计的基本概念

(1) 试验指标

反映研究对象(处理)特征的标志就是试验指标，或者把它叫作观察项目(响应变量、输出变量)，即衡量试验效果的标准。如产量、千粒重、死亡率等，试验指标要根据试验目的而定。

从观察对象(性状或特征)的性质上说，指标可分为定性指标和定量指标。定性指标显示观察对象的属性，如受害与未受害、死亡与存活等；定量指标则显示观察对象的量，如产量、株高、含水量等。

(2) 试验因素

它是指对试验指标可能产生影响的原因或要素，也称为因子、影响因子或输入变量，它是试验研究的对象。

(3) 试验水平

它是指试验因素的不同状态或不同数量等级，简称水平。水平可以是定性的，也可以是定量的；水平间的差异可以等间距，也可以不等间距。

(4) 试验处理

因素不同水平的组合称为试验处理，简称处理。

(5) 试验单元(单位)

它是指施加处理的材料单位,简称单元,即为每一次试验的载体。它是试验中实施试验处理的基本对象,如一个小区、一穴、一株、一盆、一片叶子等。根据实施的处理数不同,试验分为全面试验和部分实施。

7.1.3 试验设计的基本原则

试验设计的中心任务是降低系统误差,控制与减少随机误差的影响,提高试验的准确度和精确度,以获得可靠的试验结果。

在试验过程中,影响试验结果的因素有两类:一是处理因素,即人们在试验中按照试验目的有计划地安排的一组试验条件;二是非处理因素,即人们在试验中着重控制又难以完全控制的非试验条件。

试验设计的任务就是严格控制非处理因素的影响,尽可能地保持试验条件的一致性,降低试验误差。为此,在试验设计中应该遵循以下三个原则:

(1) 重复

在试验中,一个处理实施在两个或两个以上的试验单位上,称为重复。一个处理实施的试验单位数称为处理的重复数。

重复的作用如下:

① 估计试验误差。单次试验无从估计误差,只有两次以上试验才可以估计误差。

② 降低试验误差,提高试验结果的精确度。重复次数越多,试验误差就越小。

③ 有利于准确地估计处理效应。多次重复的平均结果比单次试验结果更为可靠。

(2) 随机化

随机化指的是同一重复内,每个处理都有同等的机会被分配在各试验单元上。其目的在于减小系统误差的影响,取得无偏的试验误差估计值。

(3) 局部控制

局部控制是指在局部范围内,控制非处理因素尽可能趋于一致的手段。其目的是使非处理因素的影响尽可能地减小,提高试验处理间的可比性,控制与降低试验误差。

7.1.4 常用的试验设计方法

试验设计方法一般包括完全随机化设计和随机区组设计。

完全随机化设计是指根据试验处理数将全部试验材料随机分为若干组,然后再按组实施不同处理的设计。这种设计保证每份试验材料都有相同机会接受任何一种处理,而不受试验人员主观倾向的影响。根据影响因素多少可以分为单因素试验的完全随机化设计和双因素试验的完全随机化设计。

随机区组设计是根据局部控制的原理,将试验的所有供试单元划分区组,然后在区组内随机安排全部处理的一种试验设计方法。

7.2 单因素方差分析

方差分析(analysis of variance,ANOVA),又称变量分析,是英国统计学家费歇于 1923

年提出的一种假设检验方法，这种方法是将 k 个处理后的观测值作为一个整体看待，把观测值总变异的平方和及自由度分解为相应于不同变异来源的平方和及自由度，进而获得不同变异来源总体方差估计值；通过计算这些总体方差的估计值的适当比值，就能检验各样本所属总体平均数是否相等。从形式上看，方差分析是比较多个总体的均值是否相等，实质上它研究的是变量之间的关系，这与后面介绍的回归分析方法有许多相似之处，但又有本质区别。

方差分析最早被用于农业试验，目前推广到工业、医药、生物、心理学等各领域。例如，一种优良农作物品种，在不同土质的土地上的收获有无明显不同；在化工生产中，原料成分、投入顺序、反应时间和温度、操作人员的技术水平等因素对产品的质量或数量的影响；某种商品的广告宣传、外包装、质量及价格等因素对销售量的影响；等等。在研究一个（或多个）分类（离散）型自变量与一个数值（连续）型因变量之间的关系时，方差分析是首选方法之一。

方差分析的方法与试验设计的方式紧密地联系在一起。从不同试验设计中得出的观测数据，对应不同的方差分析方法。不同方法的基本原理和步骤相似。下面结合单因素试验结果的方差分析介绍其基本方法。

7.2.1 基本分析方法

【例 7-1】 例如一小麦品种对比试验，6 个品种，4 次重复，单因素完全随机化设计，得产量结果如表 7-1 所示。小麦品种对产量是否有显著影响？

表 7-1 小麦品种产量试验结果

单位：kg

A_1	A_2	A_3	A_4	A_5	A_6
62	58	72	56	69	75
66	67	66	58	72	78
69	60	68	54	70	73
61	63	70	60	74	76

解：不同的小麦品种，不同的地块、不同的种植方式等所产生的小麦产量一般不同。这里我们仅考虑品种不同，即认为其他条件相同。该例属于单因素试验，分析品种因素的变异对试验结果影响的显著性，即单因素方差分析。

由表 7-1 可以看出：

① 24 个小区的产量有高有低，存在差异，统计上把这种差异称为变异。

② 同一品种下得到的 4 个样本，尽管试验条件相同，但它们的产量并不完全一样。产生这种差异是由于试验过程中存在着各种偶然因素的影响和测量误差等因素所致。

③ 不同品种的产量也存在差异，表明不同品种有不同的产量。这种由于处理因素而引起的差异，称为条件变差或系统误差。

那么试验误差和条件变差哪一个是主要因素呢？如果条件变差是主要因素，应选择高产的品种进行农业生产。一般，假设只考察某一因素对试验结果的影响，用字母 A 表示所考察因素，试验共有 I 个处理，即 A 取 I 个水平，记为：

$$A_1, A_2, \cdots, A_I$$

在 A_i 水平条件下，做了 $n_i(i=1,2,\cdots,I)$ 次重复试验，用 $Y_{ij}(i=1,2,\cdots,I;j=1,2,\cdots,n_i)$ 表示在 i 水平下 j 次观测的样本，y_{ij} 是相应的样本观测值，则得到如表 7-2 所示的数据结构。

表 7-2 单因素试验数据结构

处理	观测值	合计	平均	均方（方差）
A_1	$y_{11},y_{12},\cdots,y_{1j},\cdots,y_{1n_1}$	$y_{1\cdot}$	$\bar{y}_{1\cdot}$	s_1^2
$\vdots$	$\vdots$	$\vdots$	$\vdots$	$\vdots$
A_i	$y_{i1},y_{i2},\cdots,y_{ij},\cdots,y_{in_1}$	$y_{i\cdot}$	$\bar{y}_{i\cdot}$	s_i^2
$\vdots$	$\vdots$	$\vdots$	$\vdots$	$\vdots$
A_I	$y_{I1},y_{I2},\cdots,y_{Ij},\cdots,y_{In_1}$	$y_{I\cdot}$	$\bar{y}_{I\cdot}$	s_I^2

注：总和为 $y_{\cdot\cdot}$，总平均为 $\bar{y}_{\cdot\cdot}$。

我们用 $Y_{i\cdot}=\sum_{j=1}^{n_i}Y_{ij}$ 表示因素取 i 水平的样本之和，$\bar{Y}_{i\cdot}=\frac{1}{n_i}\sum_{j=1}^{n_i}Y_{ij}$ 是因素取 i 水平的样本平均数，$Y_{\cdot\cdot}=\sum_{i=1}^{I}Y_{i\cdot}$ 是全部数据的总和，$\bar{Y}_{\cdot\cdot}=\frac{1}{N}Y_{\cdot\cdot}$ 是总平均数，其中 $N=\sum_{i=1}^{I}n_i$ 为全部观察值的个数。在例 7-1 中，$\bar{y}_{1\cdot}=64.5$，$\bar{y}_{2\cdot}=62$，$\cdots$，$\bar{y}_{6\cdot}=75.5$ 和 $\bar{y}_{\cdot\cdot}=64.542$。另外，用 $S_1^2,S_2^2,\cdots,S_k^2$ 表示样本方差，定义为：

$$S_i^2=\frac{\sum_{i=1}^{I}(Y_{ij}-\bar{Y}_{i\cdot})^2}{I-1},\quad i=1,2,\cdots,I$$

由例 7-1 数据可计算得 $S_1=3.697$，$S_1^2=13.667$ 等。

表 7-2 中每一行的观测值都是在完全相同情况下的试验结果，应视为来自同一总体中的样本值，故同一行几个观测值之间的误差应为随机误差。如果试验因素 A 的各水平对试验指标的观测值没有影响，各行的观测值均来自同一总体，那么各行的平均数应基本相同，若有差异，应是随机误差。反之，如果因素 A 的不同水平对试验指标有影响，各行的观测值就是来自不同的总体，那么，各行的平均数之间就会显著地不同，此时的误差是由水平不同所引起的，即系统误差。

设表 7-2 中的 I 行观测值代表了从 I 个相互独立的正态总体 $A_i(i=1,2,\cdots,I)$ 中取出的容量为 $n_i(i=1,2,\cdots,I)$ 的样本，其期望值记为 μ_i，并设这 I 个总体具有相同的方差 σ^2，即有 $A_i\sim N(\mu_i,\sigma^2)$，为了分析因素 A 的水平变异对试验指标的影响是否显著，就要检验这 I 个独立总体的期望是否有显著不同，为此提出如下的统计假设：

$$H_0:\mu_1=\mu_2=\cdots=\mu_I;H_a:\mu_1,\cdots,\mu_I\text{ 中至少有两个是不相等的}\tag{7-1}$$

7.2.2 平方和分解

为了检验原假设式(7-1)是否成立，需要确定合适的统计量，首先从平方和分解入手。数据之间的变异程度可以用离均差的平方和来刻画。整个试验的变异程度可用总平方和(total sum of squares，SST)来表示，则有：

$$\mathrm{SST}=\sum_{i=1}^{I}\sum_{j=1}^{n_i}(Y_{ij}-\bar{Y}_{..})^2=\sum_{i=1}^{I}\sum_{j=1}^{n_i}[(Y_{ij}-\bar{Y}_{i\cdot})-(\bar{Y}_{i\cdot}-\bar{Y}_{..})]^2$$

$$=\sum_{i=1}^{I}\sum_{j=1}^{n_i}(Y_{ij}-\bar{Y}_{i\cdot})^2+2\sum_{i=1}^{I}\sum_{j=1}^{n_i}(Y_{ij}-\bar{Y}_{i\cdot})(\bar{Y}_{i\cdot}-\bar{Y}_{..})+\sum_{i=1}^{I}\sum_{j=1}^{n_i}(\bar{Y}_{i\cdot}-\bar{Y}_{..})^2$$

由于：

$$\sum_{i=1}^{I}\sum_{j=1}^{n_i}(Y_{ij}-\bar{Y}_{i\cdot})(\bar{Y}_{i\cdot}-\bar{Y}_{..})=0$$

所以：

$$\mathrm{SST}=\sum_{i=1}^{I}\sum_{j=1}^{n_i}(Y_{ij}-\bar{Y}_{i\cdot})^2+\sum_{i=1}^{I}\sum_{j=1}^{n_i}(\bar{Y}_{i\cdot}-\bar{Y}_{..})^2$$

若记：

$$\mathrm{SST_r}=\sum_{i=1}^{I}\sum_{j=1}^{n_i}(\bar{Y}_{i\cdot}-\bar{Y}_{..})^2\quad \mathrm{SSE}=\sum_{i=1}^{I}\sum_{j=1}^{n_i}(Y_{ij}-\bar{Y}_{i\cdot})^2$$

则：

$$\mathrm{SST}=\mathrm{SST_r}+\mathrm{SSE}$$

所以，总离差平方和可分解为 $\mathrm{SST_r}$ 和 SSE 两项之和。其中 $\mathrm{SST_r}$ 是每个样本均值与总平均值$\bar{Y}_{..}$的离差平方和，反映了数据各总体样本平均值之间的差异程度，它是因素 A 不同处理引起的变异，是系统误差，被称为组间离差平方和。SSE 是每个样本数据与其样本均值离差的平方和，反映数据 Y_{ij} 抽样误差的大小程度，是由随机因素所引起的变异，是随机误差，即组内误差，被称为组内离差平方和。前面等式表明了数据总变异可分解为处理因素变异和随机因素变异之和，这是方差分析的基本原理。

显然若 $\mathrm{SST_r}$ 较大，SSE 就较小，表明总离差平方和主要是由因素 A 的不同水平所引起的。若 $\mathrm{SST_r}$ 较小，表明在离差平方和中由因素 A 的不同水平所引起的变异不大，而由 SSE 所反映的随机误差引起的变异所占比例较大。一般，用比值 $\dfrac{\mathrm{SST_r}/(I-1)}{\mathrm{SSE}/(N-I)}$ 的大小来衡量因素 A 的不同水平的作用大小。比值越大，表示因素 A 的不同水平作用越大；反之，比值越小，表示因素 A 的作用越不显著。

7.2.3 显著性检验

在前面分析的基础上，对例 7-1 进行检验。若 H_0 为真，即 $\mu_1=\mu_2=\cdots=\mu_I$，可以证明，统计量 $F=\dfrac{\mathrm{SST_r}/(I-1)}{\mathrm{SSE}/(N-I)}$ 服从自由度为$(I-1,N-I)$的 F 分布。

令：

$$\mathrm{MST_r}=\frac{\mathrm{SST_r}}{I-1}\quad \mathrm{MSE}=\frac{\mathrm{SSE}}{N-I}$$

称 $\mathrm{MST_r}$ 为处理间均方，MSE 为误差均方或组内均方。于是：

$$F=\frac{\mathrm{MST_r}}{\mathrm{MSE}}\sim F(I-1,N-I)$$

由上面分析可知，当 H_0 成立时，F 值有偏大的倾向。对于给定的显著性水平 α，可以从 F 分布表中查出临界值 $F_\alpha(I-1,N-I)$，再根据样本值计算出 F 的值。

当 $F>F_{\alpha}(I-1,N-I)$ 时，拒绝 H_0，即 $\mu_1=\mu_2=\cdots=\mu_I$ 不成立，表明因素 A 对试验结果有显著影响。

当 $F\leqslant F_{\alpha}(I-1,N-I)$ 时，接受 H_0，即认为因素 A 对试验结果没有显著影响。

以上分析计算结果通常列为表格形式，称为方差分析表，如表 7-3 所示。

表 7-3　方差分析表

变异来源	自由度 df	平方和	均方	f 值
处理	$I-1$	SST_r	$MST_r=SST_r/(I-1)$	MST_r/MSE
误差	$N-I$	SSE	$MSE=SSE/(N-I)$	
总变异	$N-1$	SST		

随着统计软件的普及，人们更倾向于用方差分析的 Pr 值来进行统计决策。如果 Pr 值小于 0.05，则拒绝 H_0，认为各个水平之间有显著差异，否则，接受 H_0，没有显著差异。下面我们借助 R 软件进行方差分析。

【例 7-2】 在例 7-1 中假定数据服从正态分布且相互独立，给定 $\alpha=0.05$，那么品种对产量有无显著影响？

解：程序代码如下：

```
y<-c(62,66,69,61,58,67,60,63,72,66,68,70,56,58,54,60,69,72,70,74,75,78,
73,76)
A<-factor(gl(6,4))
y.aov<-aov(y ~ A)
summary(y.aov)
```

运行结果：

```
            Df Sum Sq Mean Sq F value   Pr(>F)
A            5  897.2   179.4   20.87 6.43e-07 ***
Residuals   18  154.8     8.6
---
Signif. codes:  0 '***' 0.001 '**' 0.01 '*' 0.05 '.' 0.1 ' ' 1
```

由于 $Pr=6.43\times10^{-7}<0.05$，故拒绝 H_0，即认为品种对产量有显著影响。

【例 7-3】 在某一个工业试验中，限定其他试验条件，只考虑温度这个因素对产品产量的影响，并记为 A。选定 5 个水平，分别为 $A_1=60$ ℃，$A_2=70$ ℃，$A_3=80$ ℃，$A_4=90$ ℃，$A_5=100$ ℃，在每个水平下试验的重复次数都为 3。结果如表 7-4 所示，其总均值为 $\bar{y}_{..}=68.2$。

表 7-4 单因素试验

温度 A/℃	60	70	80	90	100
产量 y	37	80	91	81	53
	40	77	93	83	49
	43	74	92	79	51
平均产量 $\bar{y}_{i\cdot}$	40	77	92	81	51

那么不同温度下的产品产量是否有明显差异？

解：程序代码如下：

```
y<-c(37,40,43,80,77,74,91,93,92,81,83,79,53,49,51)
A<-factor(gl(5,3))
y.aov<-aov(y ~ A)
summary(y.aov)
```

运行结果如下：

```
           Df Sum Sq Mean Sq F value Pr(>F)
A           4   5696  1424.1  263.7 4.35e-10 ***
Residuals  10     54     5.4
Signif. codes:  0 '***' 0.001 '**' 0.01 '*' 0.05 '.' 0.1 ' ' 1
```

由于 $Pr=4.35\times10^{-10}<0.05$，故不同温度下的产品产量有显著差异。

【例 7-4】 设有三个小麦品种，经试种得每公顷产量数据如表 7-5 所示。

表 7-5 小麦品种试验数据

单位：kg/hm²

品种	试验号				
	1	2	3	4	5
1	4 350	4 650	4 080	4 275	
2	4 125	3 720	3 810	3 960	3 930
3	4 650	4 245	4 620		

那么不同品种的小麦产量之间有无显著差异？

解：程序代码如下：

```
y<-c(4350,4650,4080,4275,4125,3720,3810,3960,3930,4695,4245,4620)
A<-factor(c(rep(1,4),rep(2,5),rep(3,3)))
y.aov<-aov(y ~ A)
summary(y.aov)
```

运行结果如下：

```
              Df Sum Sq Mean Sq F value   Pr(>F)
A              2 807311  403656   9.573  0.00591 * *
Residuals      9 379489   42165
Signif. codes:  0 '* * *' 0.001 '* *' 0.01 '*' 0.05 '.' 0.1 ' ' 1
```

这里 $Pr=0.00591<0.05$,故不同温度下的产品产量有显著差异。

7.3 双因素方差分析

在实际问题中,影响试验指标的因素往往不止一个,因此仅讨论单因素试验的方差分析是不够的,还要讨论两个或两个以上因素的方差分析。例如,影响农作物产量的因素除品种以外,可能还有施肥量、土壤肥沃程度等其他因素,这就需要讨论多个因素的方差分析。多因素方差分析是研究多个因素对试验观察指标影响程度的统计分析方法。本节介绍双因素无重复试验的方差分析。

设有两个因素 A 和 B 作用于试验的观察指标。因素 A 和 B 分别取 I 和 J 个水平,即 $A_1,A_2,\cdots,A_I$ 和 $B_1,B_2,\cdots,B_J$。因素 A 的每个水平和因素 B 的每个水平互相搭配,形成 IJ 个不同的处理,即:

$$A_iB_j(i=1,2,\cdots,I;j=1,2,\cdots,J)$$

7.3.1 双因素无重复试验模型与统计假设

双因素无重复试验就是在每一处理下只做一次试验。用 $Y_{ij}(i=1,2,\cdots,I;j=1,2\cdots,J)$ 表示每个处理的样本(随机变量),y_{ij} 表示相应的样本观测值,则试验共有 IJ 个观测数据,通常如表 7-6 所示。

表 7-6　双因素试验的观测数据表

A 因素	B 因素	
	$1,\ 2,\cdots,J$	$\bar{Y}_{1}.$
1	$y_{11},y_{12},\cdots,y_{1J}$	$\bar{y}_{1}.$
⋮	⋮	⋮
I	$y_{I1},y_{I2},\cdots,y_{IJ}$	$\bar{y}_{I}.$
$\bar{Y}._j$	$\bar{Y}._1,\bar{Y}._2,\cdots,\bar{Y}._J$	$\bar{Y}..$

设 $\bar{Y}_{i\cdot}=\dfrac{\sum\limits_{j=1}^{J}Y_{ij}}{J}$ 表示因素 A 第 i 个水平下的样本均值,$\bar{Y}_{\cdot j}=\dfrac{\sum\limits_{i=1}^{I}Y_{ij}}{I}$ 表示因素 B 第 j 水平下的样本均值,$\bar{Y}_{\cdot\cdot}=\dfrac{\sum\limits_{i=1}^{I}\sum\limits_{j=1}^{J}Y_{ij}}{IJ}$ 表示样本总平均值,相应的观测值分别为$\bar{y}_{i}.\ $,$\bar{y}._j$和$\bar{y}..$;

如果去掉符号“$^{-}$”，记 $Y_{i\cdot}$，$Y_{\cdot j}$ 和 $Y_{\cdot\cdot}$ 分别为对应均值的样本和。直观上看，我们要想知道因素 A 是否有作用，就应该比较一下所有 I 个 $\bar{y}_{i\cdot}$ 是否相等，同理，了解 B 因素不同水平的信息应该分析 J 个 $\bar{y}_{\cdot j}$。

设试验观测数据服从正态分布，有：

$$Y_{ij} \sim N(\mu_{ij}, \sigma^2) \quad (i = 1,2,\cdots,I; j = 1,2,\cdots,J)$$

其中 μ_{ij} 是 A_iB_j 处理的数学期望。此时，Y_{ij} 是 IJ 个相互独立的，方差都是 σ^2 的正态随机变量。所以 Y_{ij} 可表示为：

$$Y_{ij} = \mu_{ij} + \varepsilon_{ij}$$

其中 ε_{ij} 是观测值离开它的数学期望的随机误差，显然 ε_{ij} 是独立的且 $\varepsilon_{ij} \sim N(0,\sigma^2)$。

令 $\mu_{i\cdot}$ 表示因素 A 第 i 水平的均值，有：

$$\mu_{i\cdot} = \frac{1}{J}\sum_{j=1}^{J}\mu_{ij} \quad (i = 1,2,\cdots,I)$$

令 $\mu_{\cdot j}$ 表示因素 B 第 j 水平的均值，有：

$$\mu_{\cdot j} = \frac{1}{I}\sum_{i=1}^{I}\mu_{ij} \quad (j = 1,2,\cdots,J)$$

用 μ 表示 A，B 因素的 IJ 个水平的总均值，有：

$$\mu = \frac{1}{IJ}\sum_{i=1}^{I}\sum_{j=1}^{J}\mu_{ij}$$

记 $\alpha_i = \mu_{i\cdot} - \mu (i=1,2,\cdots,I)$，则 α_i 称为因素 A 在 i 水平的效应，它表示水平 i 在总体平均数上引起的偏差，体现了 i 水平的作用。

类似的，$\beta_j = \mu_{\cdot j} - \mu (j=1,2,\cdots,J)$ 称为因素 B 在水平 j 的效应。显然

$$\sum_{i=1}^{I}\alpha_i = \sum_{j=1}^{J}\beta_j = 0$$

从而有：

$$\mu_{ij} = \mu + \alpha_i + \beta_j \quad (i = 1,2,\cdots,I; j = 1,2,\cdots,J)$$

因此，在双因素无重复试验数据的方差分析中所使用的统计模型为：

$$Y_{ij} = \mu + \alpha_i + \beta_j + \varepsilon_{ij} \quad (i = 1,\cdots,I; j = 1,\cdots,J)$$

该模型为线性可加模型。根据统计理论知识，可以推出模型中参数的无偏估计如下：

$$\hat{\mu} = \bar{Y}_{\cdot\cdot} \qquad \hat{\alpha}_i = \bar{Y}_{i\cdot} - \bar{Y}_{\cdot\cdot} \qquad \hat{\beta}_j = \bar{Y}_{\cdot j} - \bar{Y}_{\cdot\cdot}$$

对于无重复的双因素方差分析，我们有两种不同的假设检验。其一是表示因素 A 对总平均反应无效应的零假设 H_{0A}，另一个是 B 因素无效应的零假设 H_{0B}。具体为：

$H_{0A}: \alpha_1 = \alpha_2 = \cdots = \alpha_I$　　H_{aA}：至少有一个 $\alpha_i \neq 0$ 成立

$H_{0B}: \beta_1 = \beta_2 = \cdots = \beta_J$　　H_{aB}：至少有一个 $\beta_j \neq 0$ 成立

7.3.2 平方和分解

类似于单因素方差分析，检验无效假设 H_{0A} 和 H_{0B} 是否成立可采用总变异分解法，把要检验的因素的影响分解出来，通过比较平方和，分析有无系统误差，做显著性检验。相关平方和及其计算公式如下：

$$SST=\sum_{i=1}^{I}\sum_{j=1}^{J}(Y_{ij}-\bar{Y}_{..})^2=\sum_{i=1}^{I}\sum_{j=1}^{J}Y_{ij}^2-\frac{1}{IJ}Y_{..}^2 \qquad df=IJ-1$$

$$SSA=\sum_{i=1}^{I}\sum_{j=1}^{J}(\bar{Y}_{i.}-\bar{Y}_{..})^2=\frac{1}{J}\sum_{i=1}^{I}Y_{i.}^2-\frac{1}{IJ}Y_{..}^2 \qquad df=I-1$$

$$SSB=\sum_{i=1}^{I}\sum_{j=1}^{J}(\bar{Y}_{.j}-\bar{Y}_{..})^2=\frac{1}{I}\sum_{j=1}^{J}Y_{.j}^2-\frac{1}{IJ}Y_{..}^2 \qquad df=J-1$$

$$SSE=\sum_{i=1}^{I}\sum_{j=1}^{J}(Y_{ij}-\bar{Y}_{i.}-\bar{Y}_{.j}+\bar{Y}_{..})^2 \qquad df=(I-1)(J-1)$$

可以推出这些平方和满足基本的代数等式：

$$SST=SSA+SSB+SSE \tag{7-2}$$

式(7-2)表明了总变异可以分解为三部分，其中SSE是随机误差的变异部分，SSA和SSB分别是A、B因素引起的变异，可以通过零假设的不成立来解释。

7.3.3 显著性检验

类似单因素方差分析，构造检验统计量$F_A=\frac{MSA}{MSE}$和$F_B=\frac{MSB}{MSE}$。统计理论表明，当零假设H_{0A}成立时，$F_A\sim F(I-1,(I-1)(J-1))$；当$H_{0B}$成立时，$F_B\sim F(J-1,(I-1)(J-1))$。于是，检验方法见表7-7。

表7-7 无重复的双因素方差分析的检验方法

零假设	检验统计量的值	拒绝域	P值
H_{0A}	$f_A=\frac{MSA}{MSE}$	$f_A>F_\alpha(J-1,(I-1)(J-1))$	$Pr(F>f_A)>\alpha$
H_{0B}	$f_B=\frac{MSB}{MSE}$	$f_B>F_\alpha(J-1,(I-1)(J-1))$	$Pr(F>f_B)<\alpha$

拒绝H_{0A}(H_{0B})，即认为因素$A(B)$对试验结果有显著影响，否则因素$A(B)$无影响。

综上所述，列出的方差分析结果见表7-8。

表7-8 双因素无重复试验方差分析表

变异来源	平方和	自由度	均方	F值	P值
因素A	SSA	$I-1$	$MSA=\frac{SSA}{I-1}$	$f_A=\frac{MSA}{MSE}$	$Pr(F>f_A)$
因素B	SSB	$J-1$	$MSB=\frac{SSB}{J-1}$	$f_B=\frac{MSB}{MSE}$	$Pr(F>f_B)$
随机误差	SSE	$(I-1)(J-1)$	$MSE=\frac{SSE}{(I-1)(J-1)}$		
总和	SST	$IJ-1$			

下面通过实例来说明双因素方差分析的应用。

【例7-5】 一种火箭使用了四种燃料、三种推进器，进行射程试验。对于每种燃料A与每种推进器B的组合做一次试验，得到试验数据如表7-9所示。各种燃料之间及各种推进器之间有无显著差异？

表 7-9 火箭试验数据

因素	B_1	B_2	B_3
A_1	58.2	56.2	65.3
A_2	49.1	54.1	51.6
A_3	60.1	70.9	39.2
A_4	75.8	58.2	48.7

解：程序代码如下：

```
y<-c(58.2,56.2,65.3,49.1,54.1,51.6,60.1,70.9,39.2,75.8,58.2,48.7)
A<-factor(gl(4,3))
B<-factor(gl(3,1,12))
y.aov<-aov(y ~ A+B)
summary(y.aov)
```

运行结果如下：

```
          Df Sum Sq Mean Sq F value Pr(>F)
A          3  157.6   52.53  0.431  0.739
B          2  223.8  111.92  0.917  0.449
Residuals  6  732.0  122.00
```

由于两个因素对应的 Pr 均大于 0.05，落在接受域内，故接受原假设，认为各种燃料之间和各种推进器之间均无显著差异。

【例 7-6】 为了考察高温合金中碳的含量（因素 A）和锑与铝的含量之和（因素 B）对合金强度的影响，因素 A 取 3 个水平：0.03、0.04、0.05（上述数字之和表示碳的含量占合金含量的百分比），因素 B 取 4 个水平：3.3、3.4、3.5、3.6（上述数字的意义同上）。在每个水平组合下各做一个试验，试验结果如表 7-10 所示。两个因素不同水平之间是否有显著差异？

表 7-10 双因素试验数据

		锑与铝的含量之和(B)			
		3.3	3.4	3.5	3.6
碳的含量(A)	0.03	63.1	63.9	65.6	66.8
	0.04	65.1	66.4	67.8	69.0
	0.05	67.2	71.0	71.9	73.5

解：程序代码如下：

```
y<-c(63.1,63.9,65.6,66.8,65.1,66.4,67.8,69.0,67.2,71.0,71.9,73.5)
A<-factor(gl(3,4))
B<-factor(gl(4,1,12))
y.aov<-aov(y ~ A+B)
summary(y.aov)
```

运行结果如下：

```
          Df Sum Sq Mean Sq F value    Pr(>F)
A          2  74.91   37.46   70.05  6.93e-05 ***
B          3  35.17   11.72   21.92  0.00124 **
Residuals  6   3.21    0.53
---
Signif. codes:  0 '***' 0.001 '**' 0.01 '*' 0.05 '.' 0.1 ' ' 1
```

A 因素对应 $Pr=6.93\times10^{-5}<0.05$，$B$ 因素对应 $Pr=0.00124<0.05$，均落在拒绝域内，拒绝原假设，认为两个因素的不同水平之间均有显著差异。

7.4 单因素随机区组设计

为研究某因素对试验指标的影响，常常需要进行单因素试验。具体的单因素试验结果的统计分析方法，因试验设计方法的不同而有所差异。在7.1节中实际上已介绍了单因素完全随机设计试验的统计分析方法，这里主要介绍单因素随机区组设计试验结果的统计分析方法。

下面主要介绍单因素随机区组设计试验结果的方差分析。

随机区组试验设计是一种应用广泛、效率甚高的试验设计方法。单因素随机区组试验结果的统计分析实际上是双因素无交互作用的方差分析方法，只需要将区组看作是一个非科学研究的辅助因素。

【例7-7】 研究4种修剪方式a(对照)、b、c、d($I=4$)对果树单株产量的影响，4次重复($J=4$)，随机完全区组设计，其产量结果见表7-11。试做方差分析。

表7-11　单因素随机完全区组设计的果树产量　　　　单位:kg/株

修剪方式(处理)	区组				
	1	2	3	4	$\bar{y}_{i\cdot}$
a(对照)	25	23	27	26	25.3
b	32	27	26	31	29.0
c	21	19	20	22	20.5
d	20	21	18	21	20.0

解:程序代码如下:

```
y<-c(25,23,27,26,32,27,26,31,21,19,20,22,20,21,18,21)
A<-factor(gl(4,4))
B<-factor(gl(4,1,16))
y.aov<-aov(y ~ A+B)
summary(y.aov)
```

运行结果如下:

```
          Df Sum Sq Mean Sq F value    Pr(>F)
A          3 217.69   72.56  24.132  0.000123 ***
B          3  18.69    6.23   2.072  0.174375
Residuals  9  27.06    3.01
---
Signif. codes:  0 '***' 0.001 '**' 0.01 '*' 0.05 '.' 0.1 ' ' 1
```

由于因素 A 对应的 $Pr=0.000\ 123<0.05$,落入拒绝域内,拒绝原假设,认为不同修剪方式之间在5%水平上有显著差异;因素 B 对应 $Pr=0.174\ 375>0.05$,即区组间差异在5%水平上不显著。

在随机区组试验设计的方差分析中,其总变异来源分为3部分,即处理间变异、区组间变异和误差变异,它比完全随机设计的分析多了一项区组间的变异。也就是说,这种设计方法将区组看作非试验的"辅助因素",从而可以将区组间的变异从总变异中分离出来,为降低试验误差提供了一条可能途径,进而提高了统计检验的灵敏度。

8 线性回归分析

统计上常用回归与相关的方法来研究两个或多个变量的关系，直线回归与相关是最基本和最简单的分析方法，建立直线回归方程最常用的方法是最小二乘法，通过 F 检验、t 检验的方法检验直线回归关系的显著性，进一步用来预测和控制，另外，相关系数作为刻画变量相关程度的指标，可以进一步研究回归方程的回归关系。

在现实世界中，变量之间统计关系的研究已形成两个重要的分支：相关分析和回归分析。一类是确定性关系，即已知其中的一个或几个变量的值，能精确计算出另一变量的值，也就是数学上的函数关系。例如，平面上圆的面积 S 随圆的半径 R 的变化而变化，且满足关系式 $S=\pi R^2$，已知半径 R 的值可精确计算面积 S。又如，一质点以速度 v 做匀速直线运动时，位移 s 随着运动时间 t 的变化而变化，且 $s=vt$，由运动时间 t 可精确计算位移 s。另一类是非确定性关系，也称为相关关系。这种关系指的是两个或多个变量之间虽然有一定的依赖关系，但由其中一个或几个变量的值，不能准确地求出另一变量的值，比如储蓄额与居民收入密切相关，但是由居民收入并不能完全确定储蓄额。再如，粮食产量与施肥量之间的关系，在一定范围内，施肥量越多，粮食产量就越高。但是，施肥量并不能完全确定粮食产量，因为粮食产量还与其他因素的影响有关，如降雨量、田间管理水平等。相关关系在自然界中大量存在，这方面的例子不胜枚举。

需要指出的是，函数关系与相关关系虽然是两种不同类型的变量关系，但它们之间并无严格界限。在实际应用中，回归和相关经常相互结合和渗透，但它们研究的侧重点和应用面不同。它们的区别主要有：一是回归分析中，变量 y 称为因变量，处于被解释的地位；在相关分析中，变量 y 和变量 x 处于平等的地位。二是相关分析的研究主要是为刻画两类变量之间线性相关的密切程度，而回归分析不仅可以揭示变量 x 对变量 y 的影响大小，还可以由回归方程进行预测和控制。回归分析已经成为现代统计学中应用最广泛、研究最活跃的一个分支。

回归分析的基本思想和方法以及“回归”这一术语的由来归功于英国统计学家高尔顿(F. Galton)。高尔顿和他的学生——现代统计学的奠基者之一皮尔逊(K. Pearson)在研究父母身高与其子女身高的遗传问题时，发现虽然高个子的先代会有高个子的后代，但后代的增高并不与先代的增高等量，后代的身高有向平均高度靠拢的趋势。他们称这一现象为“向平常高度的回归”。随后，皮尔逊搜集了1 078对身高数据，分析出儿子的身高 y 和父亲的身高 x 大致可归结为以下关系：

$$y=0.516x+33.73$$

这种趋势表明父亲平均身高增加1个单位，儿子的平均身高增加0.516个单位，可见有向平均值返回的趋势。如今，人们将回归分析理解为研究变量之间统计依赖关系的方法，并不是高尔顿的原意，但“回归”这一名词却一直沿用下来，成为统计学中最常用的概念之一。

8.1　一元线性回归

一元线性回归是描述两个变量之间统计关系的最简单的回归模型。一元线性回归虽然简单，但通过一元线性回归模型的建立过程，我们可以了解回归分析方法的基本统计思想以及它的应用原理。本节主要介绍一元线性回归的建模思想、最小二乘估计及其性质、回归方程的检验和预测。

8.1.1　一元线性回归模型的建立背景

在实际问题的研究中，经常遇到研究某一现象与影响它的某一关键因素的关系。如在消费问题的研究中，影响因素很多，但我们可以只研究国民收入与消费额之间的关系，因为国民收入是影响消费的最主要因素；保险公司在研究火灾损失的规律时，把火灾发生地与最近的消防站的距离作为一个最主要因素来研究火灾损失与火灾发生地和最近的消防站的距离之间的关系。

上述例子是研究两个变量之间的关系，它们的共性是两个变量之间关系密切，但密切的程度并不能由一个变量唯一确定另一个变量，即它们之间的关系是一种非确定性关系，这就是下面进一步研究的问题。

(1) 一元线性回归的数学模型

设自变量 x 是一个非随机的确定变量，因变量 y 是一个可观测其值的随机变量，对(x,y)做了 n 次观测，得表 8-1。

表 8-1　(x,y)的观测结果

x	x_1	x_2	…	x_n
y	y_1	y_2	…	y_n

下面建立 y 与 x 的一元线性回归方程即根据以上观测结果求出 y 与 x 间相互关系的近似数学表达式。

为了认识变量 x 与 y 之间的关系，比较直观的方法是在直角坐标系中描绘出点(x_i,y_i)的图形，称为散点图，如图 8-1 所示。

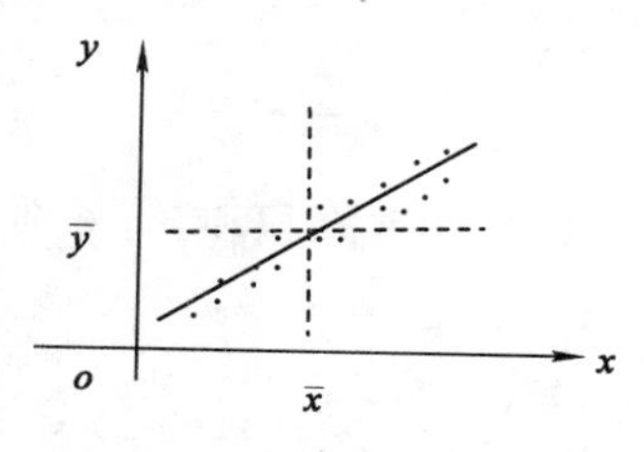

图 8-1　(x_i,y_i)散点图

若$(x_i,y_i)(i=1,2,\cdots,n)$的散点图如图 8-1 所示呈直线趋势，我们可以认为因变量 y 与自变量 x 之间的内在联系是线性的，此时 n 组观测数据(x_i,y_i)满足模型：

$$y_i=\alpha+\beta x_i+\varepsilon_i \quad i=1,2,\cdots,n \tag{8-1}$$

其中，α、β是未知参数，称为回归系数；$\varepsilon_1,\varepsilon_2,\cdots,\varepsilon_n$是相互独立的随机误差，且$\varepsilon_i \sim N(0,\sigma^2)$。式(8-1)即为一元线性回归的数学模型，可以写成：

$$y_i=\alpha+\beta x_i+\varepsilon_i,\varepsilon_i \sim N(0,\sigma^2) \quad i=1,2,\cdots,n \tag{8-2}$$

(2) 参数α、β的最小二乘估计

由模型(8-2)可得$y \sim N(\alpha+\beta x,\sigma^2)$，如果求出$\alpha$、$\beta$的估计值$a$、$b$，则对于给定的$x$，$E(y)$的估计值为$a+bx$，记为$\hat{y}$，即：

$$\hat{y}=a+bx \tag{8-3}$$

式(8-3)称为y依x的直线回归方程，其图形称为回归直线，其中a称为回归截距，b称为回归系数，也是回归直线的斜率。

如何估计α、β呢？一种最自然的想法是使回归直线$\hat{y}=a+bx$尽可能地靠近每一对观测值对应的点(x_i,y_i)，即使残差平方和(也称剩余平方和)达到最小：

$$Q=\sum_{i=1}^{n}(y_i-\hat{y}_i)^2=\sum_{i=1}^{n}(y_i-a-bx_i)^2 \tag{8-4}$$

问题转化为求关于a、b的二元函数的最小值问题。由多元函数的极值定理，分别求Q关于a、b的偏导数，并令其等于零，得：

$$\begin{cases}\dfrac{\partial Q}{\partial a}=-2\sum_{i=1}^{n}(y_i-a-bx_i)=0\\ \dfrac{\partial Q}{\partial b}=-2\sum_{i=1}^{n}(y_i-a-bx_i)x_i=0\end{cases} \tag{8-5}$$

整理得：

$$\begin{cases}an+b\sum_{i=1}^{n}x_i=\sum_{i=1}^{n}y_i\\ a\sum_{i=1}^{n}x_i+b\sum_{i=1}^{n}x_i^2=\sum_{i=1}^{n}x_iy_i\end{cases} \tag{8-6}$$

式(8-6)称为正规方程组，解此方程组得：

$$a=\bar{y}-b\bar{x} \tag{8-7}$$

$$b=\frac{\sum_{i=1}^{n}(x_i-\bar{x})(y_i-\bar{y}_i)}{\sum_{i=1}^{n}(x_i-\bar{x})^2}=\frac{SP_{xy}}{SS_x} \tag{8-8}$$

式(8-8)中SP_{xy}称为变量x、y的离均差乘积和，简称乘积和；SS_x为自变量x的离均差平方和。在计算时常用如下等价公式：

$$SP_{xy}=\sum_{i=1}^{n}x_iy_i-\frac{1}{n}(\sum_{i=1}^{n}x_i)(\sum_{i=1}^{n}y_i),SS_x=\sum_{i=1}^{n}x_i^2-\frac{1}{n}(\sum_{i=1}^{n}x_i)^2 \tag{8-9}$$

因为Q是a、b的非负二次型，其极小值必存在，由式(8-7)和式(8-8)求得的a、b就是Q的极小值点，这里也是最小值点，从而可得到回归方程(8-3)。

这种求回归系数估计值a、b的方法称为最小二乘法，a、b称为α、β的最小二乘估计。

显然，由最小二乘法所确定的回归直线有以下特点：

① 离差和 $\sum_{i=1}^{n}(y_i - \hat{y}_i) = 0$；

② 离差平方和 $Q = \sum_{i=1}^{n}(y_i - \hat{y}_i)^2$ 最小；

③ 回归直线通过散点图的几何重心 $(\bar{x},\bar{y})$，如图 8-1 所示。

可以证明，回归系数的最小二乘估计量 a、b 有以下性质：

$$E(a) = \alpha, E(b) = \beta \tag{8-10}$$

$$E(\frac{Q}{n-2}) = \sigma^2 \tag{8-11}$$

$$D(a) = (\frac{1}{n} + \frac{\bar{x}^2}{SS_x})\sigma^2, D(b) = \frac{\sigma^2}{SS_x} \tag{8-12}$$

下面借助 R 软件介绍一元线性模型的应用。

【例 8-1】 观测某种作物的株高 y 随苗龄 x 的变化趋势，得试验结果如表 8-2 所示，试求株高 y 依苗龄 x 的回归方程。

表 8-2　株高依苗龄变化的观测结果

苗龄 x/d	5	10	15	20	25	30	35
株高 y/cm	2	5	9	14	19	25	33

解：将表 8-1 中的数据在平面直角坐标系中描出，可得散点图如图 8-2 所示。

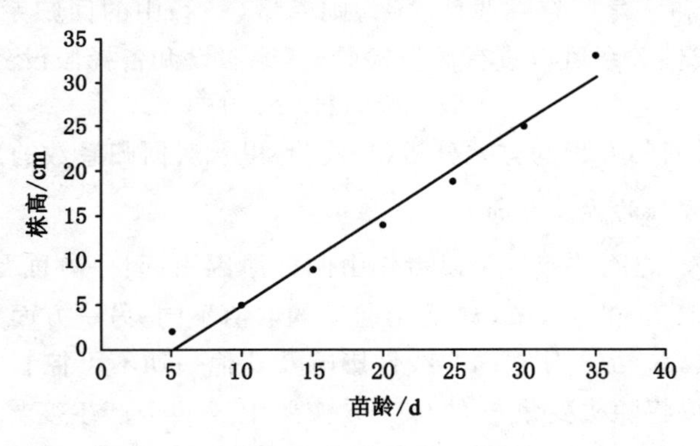

图 8-2　株高苗龄散点图

由图 8-2 可以看到 7 个点大致在一条直线附近，可建立株高 y 依苗龄 x 的一元线性回归方程。

程序代码如下：

```
x=c(5,10,15,20,25,30,35)
y=c(2,5,9,14,19,25,33)
y1=lm(y~x)
y1
```

运行结果如下：

```
Call:
lm(formula = y ~ x)

Coefficients:
(Intercept)            x
     -5.143        1.021
```

因此株高依苗龄的一元线性回归方程为：

$$\hat{y} = -5.143 + 1.021x$$

8.1.2 一元线性回归方程的显著性检验

由上述求直线回归方程的过程可知，无论 y 和 x 之间有无内在的线性关系，只要根据 n 对观测数据 $(x_i, y_i)(i=1,2,\cdots,n)$ 代入公式(8-7)、(8-8)，就可以求得回归系数的估计值 a、b，从而可以建立一元线性回归方程 $\hat{y}=a+bx$，但如果 y 和 x 之间实际并无这种线性关系，所求的回归方程就无意义。所以我们需要根据试验结果推断 y 和 x 之间是否真正存在线性关系，即对回归方程进行显著性检验。若 y 和 x 之间不存在线性关系，则模型(8-2)中的回归系数 $\beta=0$；若 y 和 x 之间存在线性关系，则模型(8-2)中的回归系数 $\beta\neq0$。所以，对 y 和 x 之间是否存在线性关系可以进行假设检验，其原假设和备择假设分别为：

$$H_0: \beta=0; H_a: \beta\neq0$$

检验方法包括对回归方程的方差分析(F 检验)以及对回归系数的显著性检验(t 检验)。

8.1.2.1 回归方程的方差分析——F 检验

数据 $y_1, y_2, \cdots, y_n$ 之间的差异可以看作由两种原因引起：一方面是在 y 与 x 的线性关系中，由于 x 的不同取值 $x_1, x_2, \cdots, x_n$ 而引起 y 的取值不同；另一方面是除去 y 与 x 间的线性关系外的其他因素，包括 x 对 y 的非线性影响及其他一切不可控制的随机因素。据方差分析的基本思想，可以将随机变量 y 的总变异按照上述两个产生变异的原因加以分解，通过比较各部分的变异量大小，对直线回归方程的显著性进行检验。

(1) 平方和分解

由图 8-3 可以看到，每一个 y 的观测值 $y_i(i=1,2,\cdots,n)$ 的变异 $(y_i-\bar{y})$ 可以分解成两部分：一部分是 y 对 x 的回归方程所形成的变异 $(\hat{y}_i-\bar{y})$，另一部分是随机误差引起的变异 $(y_i-\hat{y}_i)$. 所以 y 的总变异为：

$$SS_y = \sum_{i=1}^{n}(y_i-\bar{y})^2 = \sum_{i=1}^{n}[(\hat{y}_i-\bar{y})+(y_i-\hat{y}_i)]^2$$

$$= \sum_{i=1}^{n}(\hat{y}_i-\bar{y})^2 + \sum_{i=1}^{n}(y_i-\hat{y}_i)^2 + 2\sum_{i=1}^{n}(\hat{y}_i-\bar{y})(y_i-\hat{y}_i) \tag{8-13}$$

其中，SS_y 称为 y 的总平方和。

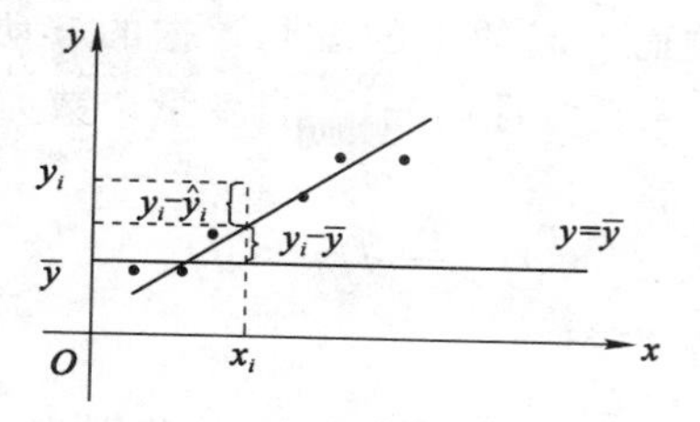

图 8-3 y 的离均差分解

由于 $\hat{y}_i=a+bx_i=\overline{y}+b(x_i-\overline{x})$，所以 $\hat{y}_i-\overline{y}=b(x_i-\overline{x})$，于是有：

$$\begin{aligned}\sum_{i=1}^{n}(\hat{y}_i-\overline{y})(y_i-\hat{y}_i) &= \sum_{i=1}^{n}b(x_i-\overline{x})[(y_i-\overline{y})-b(x_i-\overline{x})] \\ &= \sum_{i=1}^{n}b(x_i-\overline{x})(y_i-\overline{y})-\sum_{i=1}^{n}b(x_i-\overline{x})\times b(x_i-\overline{x}) \\ &= bSP_{xy}-b^2SS_x=b^2SS_x-b^2SS_x=0\end{aligned}$$

因此，式(8-13)可写成：

$$SS_y=\sum_{i=1}^{n}(y_i-\overline{y})^2=\sum_{i=1}^{n}(\hat{y}_i-\overline{y})^2+\sum_{i=1}^{n}(y_i-\hat{y}_i)^2 \tag{8-14}$$

其中，$\sum_{i=1}^{n}(\hat{y}_i-\overline{y})^2$ 反映了由 y 与 x 之间的线性关系引起的 y 的变异量大小，称为回归平方和，记作 SS_R；$\sum_{i=1}^{n}(y_i-\hat{y}_i)^2$ 反映了除了 y 与 x 间的线性关系外的其他因素，包括随机误差所引起的 y 的变异量大小，称为离回归平方和或剩余平方和，记作 SS_r，它就是式(8-4)中的离回归平方和 Q。则式(8-14)又可表示为：

$$SS_y=SS_R+SS_r \tag{8-15}$$

其中：

$$SS_R=\sum_{i=1}^{n}(\hat{y}_i-\overline{y})^2=\sum_{i=1}^{n}[(a+bx_i)-(a+b\overline{x})]^2=b^2\sum_{i=1}^{n}(x_i-\overline{x})^2=b^2SS_x$$

由于 $b=\dfrac{SP_{xy}}{SS_x}$，所以有：

$$SS_R=b\cdot\frac{SP_{xy}}{SS_x}\cdot SS_x=bSP_{xy} \tag{8-16}$$

$$SS_r=SS_y-SS_R \tag{8-17}$$

在对回归方程的显著性进行方差分析时，利用公式(8-16)、(8-17)计算平方和较为简便。

(2) 自由度的分解

对于式(8-15)中的三种离差平方和所对应的自由度可分析如下：

SS_y 是因变量 y 的总离差平方和，应满足约束条件 $\sum_{i=1}^{n}(y_i-\overline{y})=0$，所以总自由度 $df_y=n-1$，n 为试验次数；SS_r 就是离回归平方和 Q，SS_r 应满足两个独立的线性约束条件 $\sum_{i=1}^{n}(y_i-\hat{y})=0$ 及 $\sum_{i=1}^{n}(y_i-\hat{y})x_i=0$，故剩余自由度为 $df_r=n-2$，n 为试验次数；SS_R

反映了由于x对y的线性影响而引起的y的观测数据的波动，在线性回归中，它所对应的自由度等于自变量的个数。在一元线性回归中，自变量个数为1，则回归自由度$df_R=1$。

由上所述，显然有：

$$df_y = df_R + df_r$$

(3) 均方及F检验

由平方和及自由度的比值可以计算各部分均方，分别为：回归均方$MS_R=\frac{SS_R}{df_R}$，离回归均方或称剩余均方$MS_r=\frac{SS_r}{df_r}$。

由均方的比值可以构造F统计量进行F检验，即对回归方程的方差分析。原假设和备择假设分别为：

$$H_0:\beta = 0; H_a:\beta \neq 0$$

H_0成立时，有统计量F服从F分布，即：

$$F = \frac{MS_R}{MS_r} = \frac{SS_R}{SS_r/(n-2)} \sim F(1, n-2) \tag{8-18}$$

计算F值，进行方差分析，当$F > F_\alpha(1, n-2)$时，拒绝H_0，则在α水平上认为y与x之间的线性关系显著，或称为回归方程显著；否则认为y与x之间的线性关系不显著。

具体检验过程可列成方差分析表，如表8-3所示。

表8-3　方差分析表

变异来源	SS	df	MS	F值或Pr值	F临界值
回归	SS_R	1	$SS_R/1$	$F=\frac{SS_R}{SS_r/(n-2)}$	$F_\alpha(1,n-2)$
剩余	SS_r	$n-2$	$SS_r/(n-2)$		
总和	SS_y	$n-1$			

8.1.2.2　回归系数的t检验

对y和x之间线性关系的检验也可以通过对回归系数b的t检验来进行。回归系数显著性检验的原假设和备择假设分别为：

$$H_0:\beta = 0; H_a:\beta \neq 0$$

b是β的最小二乘估计，由性质(8-10)及(8-12)可知：

$$E(b) = \beta, D(b) = \frac{\sigma^2}{SS_x} \tag{8-19}$$

所以根据模型(8-2)，$b \sim N(\beta, \frac{\sigma^2}{SS_x})$，则标准化后有：

$$\frac{b-\beta}{\sqrt{\sigma^2/SS_x}} \sim N(0,1) \tag{8-20}$$

σ^2未知，由性质(8-11)得其无偏估计为$\frac{Q}{n-2}(Q=SS_r)$，用无偏估计代替之，则式(8-20)分母部分变为：

$$S_b = \sqrt{\frac{Q}{(n-2)SS_x}} \tag{8-21}$$

它称为回归系数 b 的标准误差。

因此，检验的统计量为：

$$t = \frac{b-\beta}{S_b} \sim t(n-2) \tag{8-22}$$

在原假设 H_0 成立时，有：

$$t = \frac{b}{S_b} = \frac{b}{\sqrt{\frac{Q}{(n-2)SS_x}}} \tag{8-23}$$

当 $|t| > t_{\alpha/2}(n-2)$ 时，拒绝原假设 H_0，则在 α 水平上认为 y 与 x 之间的线性关系显著，或称为回归系数显著；否则认为 y 与 x 之间的线性关系不显著。

下面对例 8-1 进行模型检验：

```
summary(y1)
```

运行结果如下：

```
Call:
lm(formula=y~x)

Residuals:
      1         2         3         4         5         6         7
2.03571  -0.07143  -1.17857  -1.28571  -1.39286  -0.50000   2.39286

Coefficients:
              Estimate   Std. Error  t value   Pr(>|t|)
(Intercept)   -5.1429     1.4691    -3.501    0.0173 *
x              1.0214     0.0657    15.547    2e-05 ***
Signif. codes:  0 '***' 0.001 '**' 0.01 '*' 0.05 '.' 0.1 ' ' 1

Residual standard error: 1.738 on 5 degrees of freedom
Multiple R-squared:  0.9797,    Adjusted R-squared:  0.9757
F-statistic: 241.7 on 1 and 5 DF,   p-value: 2e-05
```

运行结果既包括了回归系数的检验，也包括了回归方程的检验。从运行结果来看，t 检验中回归系数对应的 $Pr = 2\times10^{-5} < 0.01$，最后一行 F 检验对应的 p-value 为 $2\times10^{-5} < 0.05$，所以拒绝 H_0，认为回归系数极显著，即株高与苗龄之间有极显著的线性关系。

注意到这里 t 检验的结论与 F 检验一致，比较一下 t 值和 F 值，容易看出 $t^2 = F$，因此在一元线性回归分析中这两种检验方法是等价的，可任选一种进行检。

8.1.3 一元线性回归方程的预测

在某个实际问题中，如果一元线性回归方程 $\hat{y}=a+bx$ 经检验是显著的，这时回归值和实际观测值拟合较好，因而可以利用它对因变量 y 的新的观察值 y_0 进行点预测或区间预测。

给定了自变量 $x=x_0$ 后，根据模型(8-2)，有 $\hat{y}_{0i}=a+bx_0$，但此时 $\hat{y}_{0i}$ 的方差为：

$$D(\hat{y}_{0i})=D(a+bx_0+\varepsilon_i)=D[\bar{y}+b(x_0-\bar{x})+\varepsilon_i]$$
$$=[\frac{\sigma^2}{n}+\frac{(x_0-\bar{x})\sigma^2}{SS_x}+\sigma^2]=\sigma^2[1+\frac{1}{n}+\frac{(x_0-\bar{x})}{SS_x}] \tag{8-24}$$

当总体方差 σ^2 未知时，统计量：

$$t=\frac{\hat{y}_{0i}-y_{0i}}{\sqrt{\frac{Q}{n-2}}\cdot\sqrt{1+\frac{1}{n}+\frac{(x_0-\bar{x})^2}{SS_x}}}\sim t(n-2) \tag{8-25}$$

则单个 y 值的 $1-\alpha$ 预测区间为：

$$[\hat{y}_{0i}-\Delta,\ \hat{y}_{0i}+\Delta]$$

其中：

$$\Delta=t_\alpha(n-2)\sqrt{\frac{Q}{n-2}}\sqrt{1+\frac{1}{n}+\frac{(x_0-\bar{x})^2}{SS_x}} \tag{8-26}$$

它称为区间的最大预测误差。

【例 8-2】 在例 8-1 中，估计苗龄在 28 d 时，被观测作物株高的 95%预测区间。

解：程序代码如下：

```
new=data.frame(x=28)
lm.pred=predict(y1,new,interval="prediction",level=0.95)
lm.pred
```

运行结果如下：

```
       fit      lwr      upr
1 23.45714 18.49299 28.4213
```

从以上结果可以看出，当 $x=28$ 时，y 的点预测为 23.457 14，95%的预测区间为[18.492 99，28.421 3]。

8.1.4 有关应用问题的讨论

8.1.4.1 直线回归与直线相关的内在联系

(1) 回归系数和相关系数的关系

通过前面的讨论可以看到，在直线回归分析中的回归系数 b 与直线相关分析中的相关系数 r 之间有某些相同之处。相关系数 r 与回归系数 b 的符号都由 SP_{xy} 决定，两者符号相同，它们反映 x 与 y 之间关系的性质是相同的。若符号为正，则随着变量 x 的增加 y 也增加；若符号为负，则随着变量 x 的增加 y 是减少的。

但是两者也有不同之处。不同之处在于回归系数 b 是有量纲的，而相关系数 r 是无量纲的，所以不同的相关系数之间可以直接相互比较。可以证明，若把回归系数 b 做标准化处理，则标准化后的回归系数 $b^*=r$，所以有时也把相关系数称为标准回归系数。

（2）回归方程的 F 检验、回归系数的 t 检验和相关系数检验间的关系

由式(8-18)、式(8-23)，两种检验的统计量分别为：

$$F=\frac{SS_R}{SS_r/(n-2)},t=\frac{b}{\sqrt{\frac{Q}{(n-2)SS_x}}}$$

容易证明，$F=t^2$，所以在一元线性回归分析和相关分析中，对回归方程的显著性检验、对回归系数的显著性检验和相关系数的显著性检验，三者的结果是一致的。在建立了回归方程后，对其有效性进行检验，即检验变量 x 和 y 之间是否有显著的线性相关关系，实际应用中以上三种检验方法任选其一即可。

8.1.4.2　直线回归与直线相关的应用要点

以上我们对直线回归与相关分析做了较为详细的介绍，但是在实际应用这些方法时有以下几点需要注意：

（1）要根据专业知识确定相关变量

一元线性回归和相关分析主要研究的是两个变量间的内在关系，而在利用这些方法处理实际问题时，要根据专业知识选择其中的变量。譬如变量间是否存在线性关系以及何时会发生线性关系，直线回归方程是否有实际意义，自变量和因变量的选择等问题，都必须运用相应的专业知识来解决，而分析结果也需要在实践中得到检验。如果不以一定的专业知识为前提，随意选择变量及确定变量间的关系，会造成根本性的错误。

（2）保持被研究变量以外因素的一致性

在实际问题中，情况往往比较复杂，一个随机变量的变化通常会受到多个其他变量的影响。因此，在确定了被研究的随机变量后，一定要尽量保持其他非研究因素的一致性。否则，回归分析和相关分析的结果将可能是虚假的、不可靠的，不能真正反映两个变量之间的内在关系。

（3）正确认识相关关系的显著性

若经检验后两个变量间的相关系数不显著并非意味着 x 和 y 之间一定是无关的，而只能说明两者之间无线性相关关系，不排除两者间存在某种非线性关系；而经检验后两个变量间的相关系数显著也不意味着 x 和 y 之间的关系一定为直线相关，因为两者间或许会存在着更好的非线性关系。

（4）样本容量 n 要尽可能大

在进行直线相关和回归分析时，样本容量 n 要尽可能大一些，这样可提高结果的精确性。在一元线性回归分析里，必须有 $n\geqslant 2$，一般最好是满足 $n>4$。同时自变量 x 的取值范围尽可能大一些，这样更容易发现两个随机变量间的变化规律。

(5) 预测外推要谨慎

利用一元线性回归方程进行预测时，原则上自变量 x_0 的取值要在试验范围之内，即 $x_0 \in \{\min(x_1, x_2, \cdots, x_n), \max(x_1, x_2, \cdots, x_n)\}$，不能随意外推。因为直线回归方程是在一定范围内对两个变量关系的描述，超出这个范围，变量间的关系可能会发生变化，容易得到错误的预测结果。

(6) 回归关系检验显著不一定具有实际上的预测意义

若要用回归方程进行预测，回归关系必须显著；但是回归关系显著，并不能说明建立的回归方程具有实际上的预测价值。有时两个变量间的样本相关系数 r 经检验显著，但对应决定系数 r^2 的值较小，此时回归方程也没有实际的预测意义。如 $n=26$ 时计算出的样本相关系数 $r=0.5>r_{0.01}=0.496$，相关关系极显著。但此时，$r^2=0.25$，即 y 的总变异通过 x 的线性回归方程来估计的比例只有 25%，其余的 75% 的变异无法由直线回归来估计，所以由 x 的直线回归方程来估计 y 的可靠性不高。一般要求 $r^2>0.8$，这样建立的直线回归方程才相对有实际的预测价值。

8.2 多元线性回归

在许多实际问题中，我们经常会遇到一些复杂的现象，为了研究这类问题，需要研究多个变量间的关系，进行多个变量间的回归及相关分析。本章主要介绍多元线性回归分析和多元相关分析方法。

在多个变量中，有一个因变量 y，两个或两个以上的自变量 $x_1, x_2, \cdots, x_p$ $(p \geqslant 2)$，该因变量和 p 个自变量的回归称为多元回归分析或复回归。在上述关系中如果各自变量与因变量具有线性关系称为多元线性回归，如果各自变量与因变量不呈线性关系称为非线性回归。本章只介绍多元线性回归。

在多个变量中，其中一个变量和其他所有变量的综合相关叫作多元相关或复相关。若这些变量间的关系呈线性关系，则称为多元线性相关。在多元相关分析中，若在固定其他变量时，对两个变量进行相关分析，称为偏相关。在实际应用时，相关分析和回归分析是相互联系的，复相关分析和偏相关分析也可作为检验回归关系显著性的方法。

8.2.1 多元线性回归方程的建立

(1) 多元线性回归模型

设因变量 y 与自变量 $x_1, x_2, \cdots, x_p$ 的内在联系是线性的，当做了 n 次试验后，得到 n 组观测数据 $(y_i, x_{i1}, x_{i2}, \cdots, x_{ip})$，$i=1,2,\cdots,n$，满足模型：

$$y_i = \beta_0 + \beta_1 x_{i1} + \beta_2 x_{i2} + \cdots + \beta_p x_{ip} + e_i \quad i = 1,2,\cdots,n \tag{8-27}$$

则式(8-27)为 p 元线性回归模型。其中，$\beta_0, \beta_1, \cdots, \beta_p$ 是 $p+1$ 个未知参数，称为回归系数；$x_1, x_2, \cdots, x_p$ 为 p 个自变量，可以是可精确测量或可控制的一般变量，也可以是可观测的随机变量；$e_1, e_2, \cdots, e_n$ 是 n 个互不相关的随机误差，且均值为 0，方差为 σ^2。

若引入矩阵记号：

$$\boldsymbol{Y}=\begin{pmatrix}y_1\\y_2\\\vdots\\y_n\end{pmatrix},\boldsymbol{\beta}=\begin{pmatrix}\beta_0\\\beta_1\\\vdots\\\beta_p\end{pmatrix},\boldsymbol{e}=\begin{pmatrix}e_1\\e_2\\\vdots\\e_n\end{pmatrix},\boldsymbol{X}=\begin{pmatrix}1 & x_{11} & x_{12} & \cdots & x_{1p}\\1 & x_{21} & x_{22} & \cdots & x_{2p}\\\vdots & \vdots & \vdots & & \vdots\\1 & x_{n1} & x_{n2} & \cdots & x_{np}\end{pmatrix}$$

其中，$\boldsymbol{Y}$ 称为随机观测向量；$\boldsymbol{\beta}$ 称为回归系数向量；$\boldsymbol{e}$ 称为随机误差向量；$\boldsymbol{X}$ 称为结构矩阵或设计矩阵，且要求满足 $\operatorname{rank}(\boldsymbol{X})=p+1$，则多元线性回归模型的矩阵形式为：

$$\boldsymbol{Y}=\boldsymbol{X\beta}+\boldsymbol{e},E(\boldsymbol{e})=0,\operatorname{Cov}(\boldsymbol{e})=\sigma^2\boldsymbol{I}_n$$

其中，$\boldsymbol{I}_n$ 为 n 阶单位矩阵。

若进一步设 $e_i \sim N(0,\sigma^2)$，则模型为：

$$\boldsymbol{Y}=\boldsymbol{X\beta}+\boldsymbol{e},\boldsymbol{e}\sim N_n(0,\sigma^2\boldsymbol{I}_n) \tag{8-28}$$

一般情况下，常以式(8-28)作为多元线性回归模型的矩阵形式。

当用样本估计回归方程时，若设 $\beta_0,\beta_1,\cdots,\beta_p$ 的估计值分别为 $b_0,b_1,\cdots,b_p$，则样本回归方程为：

$$\hat{y}=b_0+b_1x_1+b_2x_2+\cdots+b_px_p \tag{8-29}$$

若引入回归系数的估计向量 $\boldsymbol{b}=\begin{pmatrix}b_0\\b_1\\\vdots\\b_p\end{pmatrix}$ 及预测向量 $\hat{\boldsymbol{Y}}=\begin{pmatrix}\hat{y}_1\\\hat{y}_2\\\vdots\\\hat{y}_n\end{pmatrix}$，则多元线性回归方程的矩阵形式为：

$$\hat{\boldsymbol{Y}}=\boldsymbol{Xb} \tag{8-30}$$

(2) 回归系数的最小二乘估计

若要建立多元线性回归方程(8-30)，需要用样本估计向量 $\boldsymbol{b}=\begin{pmatrix}b_0\\b_1\\\vdots\\b_p\end{pmatrix}$，一般仍采用最小二乘法进行计算。

根据最小二乘法的原理，$b_0,b_1,\cdots,b_p$ 应使平方和：

$$Q=\sum_{i=1}^{n}(y_i-\hat{y}_i)^2 \tag{8-31}$$

达到最小。式(8-31)可写成矩阵形式：

$$Q=(\boldsymbol{Y}-\hat{\boldsymbol{Y}})^{\mathrm{T}}(\boldsymbol{Y}-\hat{\boldsymbol{Y}}) \tag{8-32}$$

将式(8-30)代入上式，则有：

$$Q=(\boldsymbol{Y}-\boldsymbol{Xb})^{\mathrm{T}}(\boldsymbol{Y}-\boldsymbol{Xb})=\boldsymbol{Y}^{\mathrm{T}}\boldsymbol{Y}-2\boldsymbol{b}^{\mathrm{T}}\boldsymbol{X}^{\mathrm{T}}\boldsymbol{Y}+\boldsymbol{b}^{\mathrm{T}}\boldsymbol{X}^{\mathrm{T}}\boldsymbol{Xb} \tag{8-33}$$

计算回归系数的最小估计即为求向量 $\boldsymbol{b}$ 使多元函数(8-33)达到其最小值。由多元函数的极值原理和矩阵微商知，向量 $\boldsymbol{b}$ 应是下列矩阵方程的解：

$$\frac{\partial Q}{\partial \boldsymbol{b}}=-2\boldsymbol{X}^{\mathrm{T}}\boldsymbol{Y}+2\boldsymbol{X}^{\mathrm{T}}\boldsymbol{Xb}=0 \tag{8-34}$$

式(8-34)称为正规方程组。因为 $\text{rank}(\boldsymbol{X})=p+1$，可以证明 $\text{rank}(\boldsymbol{X}^{\mathrm{T}}\boldsymbol{X})=p+1$（证明过程略），即 $p+1$ 阶方阵满秩，所以正规方程组有解且有唯一解。解矩阵方程(8-34)得：

$$\boldsymbol{b}=(\boldsymbol{X}^{\mathrm{T}}\boldsymbol{X})^{-1}(\boldsymbol{X}^{\mathrm{T}}\boldsymbol{Y}) \tag{8-35}$$

式(8-35)中求得的向量 $\boldsymbol{b}$ 为多元函数(8-33)的唯一驻点，即为极小值点，也即是最小值点，称为回归系数 $\boldsymbol{\beta}$ 的最小二乘估计。

由模型(8-28)可以证明，回归系数 $\boldsymbol{\beta}$ 的最小二乘估计 $\boldsymbol{b}$ 具有以下性质：

$$E(\boldsymbol{b})=\boldsymbol{\beta},\text{Cov}(\boldsymbol{b})=\sigma^2(\boldsymbol{X}^{\mathrm{T}}\boldsymbol{X})^{-1}$$

若记：

$$\boldsymbol{C}=(\boldsymbol{X}^{\mathrm{T}}\boldsymbol{X})^{-1}=(c_{ij})_{p\times p}=\begin{pmatrix} c_{00} & c_{01} & \cdots & c_{0p} \\ c_{10} & c_{11} & \cdots & c_{1p} \\ \vdots & \vdots & & \vdots \\ c_{p0} & c_{p1} & \cdots & c_{pp} \end{pmatrix}$$

矩阵 $\boldsymbol{C}$ 是对称矩阵，其中的元素 c_{ij} 称为高斯系数，则由矩阵性质可知：

$$\text{Cov}(b_i,b_j)=\sigma^2 c_{ij} \quad i,j=0,1,\cdots,p$$

$$\text{Var}(b_j)=\sigma^2 c_{jj} \quad j=0,1,\cdots,p$$

若记 $\boldsymbol{B}=\boldsymbol{X}^{\mathrm{T}}\boldsymbol{Y}=\begin{pmatrix} B_0 \\ B_1 \\ \vdots \\ B_p \end{pmatrix}$，则写成：

$$\boldsymbol{b}=\boldsymbol{BC} \tag{8-36}$$

在实际问题中，当样本值已知时，可算回归系数的估计值 $\boldsymbol{b}=\begin{pmatrix} b_0 \\ b_1 \\ \vdots \\ b_p \end{pmatrix}$，从而可建立 y 依 $x_1,x_2,\cdots,x_p$ 的 p 元线性回归方程：

$$\hat{y}=b_0+b_1x_1+b_2x_2+\cdots+b_px_p$$

8.2.2 多元线性回归的统计推断

(1) 多元线性回归方程的显著性检验

检验自变量 $x_1,x_2,\cdots,x_p$ 与因变量 y 是否存在线性关系，即检验：

$$\text{H}_0:\beta_1=\beta_2=\cdots=\beta_p=0;\text{H}_a:\beta_1,\beta_2,\cdots,\beta_p\text{ 不全为 }0$$

和一元线性回归方程的显著性检验类似，仍然用方差分析法进行检验，因变量 y 的总平方和仍是分解成两部分。

可以证明：

$$SS_y=\sum_{i=1}^{n}(y_i-\bar{y})^2=\sum_{i=1}^{n}(\hat{y}_i-\bar{y})^2+\sum_{i=1}^{n}(y_i-\hat{y}_i)^2=SS_R+SS_r$$

其中，SS_R 为回归平方和，SS_r 为残差平方和（或剩余平方和）。在实际问题中当观测值已知时，可利用以下公式进行计算：

$$SS_y = \sum_{i=1}^{n} y_i^2 - \frac{1}{n}\left(\sum_{i=1}^{n} y_i\right)^2 \tag{8-37}$$

$$SS_r = \sum_{i=1}^{n} y_i^2 - \sum_{j=0}^{p} b_j B_j \tag{8-38}$$

$$SS_R = SS_y - SS_r \tag{8-39}$$

对于上式中的三种离差平方和所对应的自由度可分析如下：

SS_y 是因变量 y 的离均差平方和，应满足约束条件 $\sum_{i=1}^{n}(y_i - \bar{y}) = 0$，所以总自由度 $df_y = n-1$，n 为试验次数；SS_R 是由 $x_1, x_2, \cdots, x_p$ 的不同所引起的，所以自由度 $df_R = p$；SS_r 是与自变量无关的部分，具有自由度 $df_r = n-p-1$。显然有：

$$df_y = df_R + df_r$$

均方分别为：回归均方 $MS_R = \dfrac{SS_R}{df_R}$，残差均方或称剩余均方 $MS_r = \dfrac{SS_r}{df_r}$。

由均方的比值可以构造 F 统计量进行 F 检验，H_0 成立时，有：

$$F = \frac{MS_R}{MS_r} = \frac{SS_R/p}{SS_r/(n-p-1)} \sim F(p, n-p-1) \tag{8-40}$$

确定 α 值，当 $F > F_\alpha(p, n-p-1)$ 时，拒绝 H_0，即 $x_1, x_2, \cdots, x_p$ 与 y 是否存在显著的线性关系；否则认为 $x_1, x_2, \cdots, x_p$ 与 y 线性关系不显著。

若经检验 $x_1, x_2, \cdots, x_p$ 与 y 线性关系不显著，其原因一般有两种：

① $x_1, x_2, \cdots, x_p$ 与 y 无关系；

② $x_1, x_2, \cdots, x_p$ 与 y 有关系但存在非线性关系，如表 8-4 所示。

具体检验过程可列成方差分析表，如表 8-4 所示。

表 8-4　方差分析表

变异来源	SS	df	MS	F 值	F 临界值
回归	SS_R	p	SS_R/p	$F=\dfrac{SS_R/p}{SS_r/(n-1-p)}$	$F_\alpha(1, n-2)$
剩余	SS_r	$n-1-p$	$SS_r/(n-1-p)$		
总和	SS_y	$n-1$			

(2) 回归系数的显著性检验

当回归方程检验显著时，仅说明因变量 y 与 p 个自变量 $x_1, x_2, \cdots, x_p$ 有真实的回归关系，这是所有自变量与因变量 y 的综合关系。为了检验每个自变量 $x_j (j=1,2,\cdots,p)$ 与 y 之间是否存在线性关系，需要进一步对每个回归系数的显著性进行检验，即检验：

$$H_0: \beta_j = 0; H_a: \beta_j \neq 0 \quad j = 1, 2, \cdots, p$$

因为 $E(b_j) = \beta_j$，$\mathrm{Var}(b_j) = \sigma^2 c_{jj}$，$j = 0, 1, \cdots, p$，所以 $b_j \sim N(\beta_j, \sigma^2 c_{jj})$，从而有：

$$\frac{b_j - \beta_j}{\sqrt{\sigma^2 c_{jj}}} \sim N(0, 1)$$

当 σ^2 未知时，用其无偏估计 $SS_r/(n-1-p)$ 代替，则当 H_0 成立时，有：

$$t_j=\frac{b_j}{\sqrt{c_{jj}SS_r/(n-1-p)}}\sim t(n-p-1)$$

或计算 F 统计量：

$$F_j=t_j^2=\frac{b_j^2}{c_{jj}SS_r/(n-1-p)}\sim F(1,n-p-1)$$

当 $|t|>t_\alpha(n-p-1)$ 或 $F>F_\alpha(1,n-p-1)$ 时，拒绝原假设 H_0，则在 α 水平上认为 y 与自变量 x_j 之间的线性关系显著，或称为回归系数 b_j 显著；否则认为 y 与 x_j 之间的线性关系不显著。

若经检验 y 与 x_j 之间的线性关系不显著，则需要将 b_jx_j 项从方程中剔除，重新建立回归方程。在筛选变量时，常用的方法有向前引入法、向后剔除法和逐步回归法，这里就不再详细介绍了。

当全部回归系数 $b_j(j=0,1,\cdots,p)$ 经检验都是显著的，则可以保留全部变量，回归方程为：

$$\hat{y}=b_0+b_1x_1+b_2x_2+\cdots+b_px_p$$

在方差分析和 t 检验（或 F 检验）结果均显著时，回归方程通过检验，可用于实际中的控制和预测问题。

【例 8-3】 测定 13 块某品种水稻的亩穗数 x_1（单位：万穗）、穗粒数 x_2（单位：粒）和亩产量 y（单位：kg），结果如表 8-5 所示，试建立 y 依 x_1、x_2 的二元线性回归方程。

表 8-5 水稻亩穗数、穗粒数和亩产量试验结果

x_1	26.7	31.3	30.4	33.9	34.6	33.8	30.4	27.0	33.3	30.4	31.5	33.1	34.0
x_2	73.4	59.0	65.9	58.2	64.6	64.6	62.1	71.4	64.5	64.1	61.1	56.0	59.8
y	1 008	959	1 051	1 022	1 097	1 103	992	945	1 074	1 029	1 004	995	1 045

解：① 建立二元线性回归方程。

程序代码如下：

```
x1=c(26.7,31.3,30.4,33.9,34.6,33.8,30.4,27.0,33.3,30.4,31.5,33.1,34.0)
x2=c(73.4,59,65.9,58.2,64.6,64.6,62.1,71.4,64.5,64.1,61.1,56,59.8)
y=c(1008,959,1051,1022,1097,1103,992,945,1074,1029,1004,995,1045)
lm.sol=lm(y~x1+x2)
lm.sol
```

运行结果如下：

```
Call:
lm(formula=y~x1+x2)

Coefficients:
```

```
(Intercept)          x1          x2
   -351.746       24.800       9.359
Call:
lm(formula=y~x1+x2)

Coefficients:
(Intercept)          x1          x2
   -351.746       24.800       9.359
```

则二元线性回归方程为：

$$\hat{y}=-351.746+24.800x_1+9.359x_2$$

② 二元线性回归方程的显著性检验。

程序代码如下：

```
summary(lm.sol)
Call:
lm(formula=y~x1+x2)

Residuals:
    Min       1Q   Median      3Q     Max
-41.121  -11.698   1.733  10.600  32.035

Coefficients:
             Estimate Std. Error t value Pr(>|t|)
(Intercept)  -351.746    203.409  -1.729 0.114452
x1             24.800      3.403   7.288 2.64e-05 ***
x2              9.359      1.765   5.302 0.000346 ***
---
Signif. codes: 0 '***' 0.001 '**' 0.01 '*' 0.05 '.' 0.1 ' ' 1

Residual standard error: 21.15 on 10 degrees of freedom
Multiple R-squared: 0.8416,    Adjusted R-squared: 0.8099
F-statistic: 26.56 on 2 and 10 DF,  p-value: 9.981e-05
```

该方程的意义是，当穗粒数保持不变时，每亩穗数每增加 1 万穗，每亩水稻产量将平均增加约 24.800 kg；当每亩穗数不变时，每穗粒数每增加 1 粒，每亩产量平均增加约 9.359 kg。需要注意的是，自变量的取值范围在试验范围内，以上对产量 y 的预测结论较为可靠，否则通过回归方程预测的结果可靠性较低。

9 主成分分析与因子分析

在实际问题中往往变量太多，并且彼此之间存在着一定的相关性。人们希望用较少的不相关的综合变量代替原来较多的变量，而这几个综合变量又尽可能多地反映原来变量的信息。在多元统计分析中，基于此目的产生了一系列的降维方法，如本章介绍的主成分分析方法和因子分析方法即为其中最为常用的基本方法。本章主要介绍这两种方法的基本原理、计算流程及 R 语言下的案例实现问题。

9.1 主成分分析

9.1.1 引言

在实际问题中，往往涉及众多变量，但变量太多不仅增加计算的复杂性，而且给分析和解释问题带来困难。一般来说，虽然每个变量都提供了一定的信息，但其重要性有所不同，而在很多情况下，变量间有一定的相关性，从而这些变量所提供的信息在一定程度上有所重叠。因而人们希望对这些变量加以“改造”，用较少的互不相关的新变量来反映原变量所提供的绝大部分信息，通过对新变量的分析达到解决问题的目的。主成分分析便是在这种降维的思想下产生的处理高维数据的方法。

具体地说，其目的如下：

(1) 化简数据

当 p 个变量的大部分变量能够由它们的 k（比 p 小很多）个主成分（特殊的线性组合）来概括。如果所考虑的问题是这种情况，那么包括在这 k 个主成分中的信息与原来 p 个变量几乎一样多，可以用这 k 个主成分代替原 p 个变量，这样一来，由 p 个变量的 n 次观测组成的数据就被简化为 k 个主成分的 n 次观测数据。

(2) 揭示变量间的关系

主成分的另一种作用是揭示变量之间的关系，而这些关系往往是用别的方法或具体专业知识难以预料的。例如主成分应用在回归分析中，可以给出回归自变量的近似复共线关系，这对于数据分析会带来一些重要信息。

9.1.2 总体主成分

9.1.2.1 总体主成分的定义

设 $X_1, X_2, \cdots, X_p$ 为某实际问题所涉及的 p 个随机变量。记 $\boldsymbol{X}=(X_1, X_2, \cdots, X_p)^{\mathrm{T}}$，其协方差矩阵为：

$$\boldsymbol{\Sigma} = (\sigma_{ij})_{p\times p} = E[(\boldsymbol{X}-E(\boldsymbol{X}))(\boldsymbol{X}-E(\boldsymbol{X}))^{\mathrm{T}}] \tag{9-1}$$

它是一个 p 阶非负定矩阵。

设 $\boldsymbol{l}_i=(l_{i1},l_{i2},\cdots,l_{ip})^{\mathrm{T}}(i=1,2,\cdots,p)$为 p 个常数向量，考虑如下线性组合：

$$\begin{cases} Y_1=\boldsymbol{l}_1^{\mathrm{T}}\boldsymbol{X}=l_{11}X_1+l_{12}X_2+\cdots+l_{1p}X_p \\ Y_2=\boldsymbol{l}_2^{\mathrm{T}}\boldsymbol{X}=l_{21}X_1+l_{22}X_2+\cdots+l_{2p}X_p \\ \vdots \\ Y_p=\boldsymbol{l}_p^{\mathrm{T}}\boldsymbol{X}=l_{p1}X_1+l_{p2}X_2+\cdots+l_{pp}X_p \end{cases} \tag{9-2}$$

易知有：

$$\begin{aligned} \mathrm{Var}(\boldsymbol{Y}_i) &= \mathrm{Var}(\boldsymbol{l}_i^{\mathrm{T}}\boldsymbol{X}) = \boldsymbol{l}_i{}^{\mathrm{T}}\sum \boldsymbol{l}_i \quad i=1,2,\cdots,p \\ \mathrm{Cov}(\boldsymbol{Y}_i,\boldsymbol{Y}_j) &= \mathrm{Cov}(\boldsymbol{l}_i^{\mathrm{T}}\boldsymbol{X},\boldsymbol{l}_j{}^{\mathrm{T}}\boldsymbol{X}) = \boldsymbol{l}_i{}^{\mathrm{T}}\sum \boldsymbol{l}_j \quad j=1,2,\cdots,p \end{aligned} \tag{9-3}$$

如果我们希望用 Y_1代替原来 p 个变量 $X_1,X_2,\cdots,X_p$，这就要求 Y_1尽可能地反映原 p 个变量的信息。这里“信息”用 Y_1的方差来度量，即要求 $\mathrm{Var}(Y_1)=\boldsymbol{l}_1^{\mathrm{T}}\sum \boldsymbol{l}_1$ 达到最大。

若 $\boldsymbol{l}_1$不加限制，则 $\mathrm{Var}(Y_1)$无界。所以加上约束条件：

$$\boldsymbol{l}_1^{\mathrm{T}}\boldsymbol{l}_1=1 \tag{9-4}$$

在约束条件(9-4)下求 $\boldsymbol{l}_1$使 $\mathrm{Var}(Y_1)$达到最大，由此 $\boldsymbol{l}_1$所确定的随机变量 $Y_1=\boldsymbol{l}_1^{\mathrm{T}}\boldsymbol{X}$ 称为 $X_1,X_2,\cdots,X_p$的第一主成分。

如果第一主成分 Y_1还不足以反映原变量的信息，进一步求 Y_2。为了使 Y_1和 Y_2反映原变量的信息不相重叠，要求 Y_1与 Y_2不相关，即：

$$\mathrm{Cov}(Y_1,Y_2)=\boldsymbol{l}_1^{\mathrm{T}}\sum \boldsymbol{l}_2=0 \tag{9-5}$$

在约束条件 $\boldsymbol{l}_2^{\mathrm{T}}\boldsymbol{l}_2=1$ 和式(9-5)下求 $\boldsymbol{l}_2$使 $\mathrm{Var}(Y_2)$达到最大，由此 $\boldsymbol{l}_2$所确定的随机变量 $Y_2=\boldsymbol{l}_2^{\mathrm{T}}\boldsymbol{X}$ 称为 $X_1,X_2,\cdots,X_p$的第二主成分。

一般情况下，若要求 Y_i与 Y_k不相关，即：

$$\mathrm{Cov}(Y_i,Y_k)=\boldsymbol{l}_i^{\mathrm{T}}\sum \boldsymbol{l}_k=0 \quad k=1,2,\cdots,i-1 \tag{9-6}$$

在约束条件 $\boldsymbol{l}_i^{\mathrm{T}}\boldsymbol{l}_i=1$ 和式(9-6)下求 $\boldsymbol{l}_i$使 $\mathrm{Var}(Y_i)$达到最大，由此 $\boldsymbol{l}_i$所确定的随机变量 $Y_i=\boldsymbol{l}_i^{\mathrm{T}}\boldsymbol{X}$ 称为 $X_1,X_2,\cdots,X_p$的第 i 主成分。

9.1.2.2 *总体主成分的求法*

关于总体主成分有如下结论：

【定理 9-1】 设 $\boldsymbol{\Sigma}$ 是 $\boldsymbol{X}=(X_1,X_2,\cdots,X_p)^{\mathrm{T}}$的协方差矩阵，$\boldsymbol{\Sigma}$ 的特征值及相应的正交单位化特征向量分别为 $\lambda_1\geqslant\lambda_2\geqslant\cdots\geqslant\lambda_p$ 及 $\boldsymbol{e}_1,\boldsymbol{e}_2,\cdots,\boldsymbol{e}_p$，则 X 的第 i 主成分为：

$$Y_i=\boldsymbol{e}_i^{\mathrm{T}}\boldsymbol{X}=e_{i1}X_1+e_{i2}X_2+\cdots+e_{ip}X_p \quad i=1,2,\cdots,p \tag{9-7}$$

其中 $\boldsymbol{e}_i=(e_{i1},e_{i2},\cdots,e_{ip})^{\mathrm{T}}$。

由定理 9-1 易得：

$$\begin{cases} \mathrm{Var}(Y_i)=\boldsymbol{e}_i^{\mathrm{T}}\sum \boldsymbol{e}_i=\lambda_i\boldsymbol{e}_i^{\mathrm{T}}\boldsymbol{e}_i=\lambda_i \quad i=1,2,\cdots,p \\ \mathrm{Cov}(Y_i,Y_k)=\boldsymbol{e}_i^{\mathrm{T}}\sum \boldsymbol{e}_k=\lambda_k\boldsymbol{e}_i^{\mathrm{T}}\boldsymbol{e}_k=0 \quad i\neq k \end{cases} \tag{9-8}$$

定理 9-1 的证明可转化为在约束条件 $\boldsymbol{l}_i^{\mathrm{T}}\boldsymbol{l}_i=1(i=1,2,\cdots,p)$下的条件极值问题，在此不再赘述。

以上结果告诉我们，求 $\boldsymbol{X}=(X_1,X_2,\cdots,X_p)^{\mathrm{T}}$的各主成分，等价于求它的协方差矩阵 $\boldsymbol{\Sigma}$ 的各特征值，以及相应的正交单位化特征向量。按特征值由大到小所对应的正交单位化特征向量为组合系数的 $X_1, X_2, \cdots, X_p$ 的线性组合分别为 $\boldsymbol{X}$ 的第一、第二直至第 p 个主成分，而各主成分的方差等于相应的特征值。

9.1.2.3　主成分的几何意义

从代数学观点看主成分就是 p 个变量的一些特殊的线性组合，而从几何上看这些线性组合正是把 $X_1, X_2, \cdots, X_p$ 构成的坐标系旋转产生的新坐标系，新坐标轴使之通过样本变差最大的方向（或者说具有最大的样本方差）。

设有 n 个观测，每个观测有 p 个变量 $X_1, X_2, \cdots, X_p$，它们的综合指标（主成分）记为 $Z_1, \cdots, Z_p$。当 $p=2$ 时原变量为 X_1, X_2，设 (X_1, X_2) 服从二元正态分布，则样品点 $X_{(i)}=(x_{i1}, x_{i2})$ $(i=1,2,\cdots,n)$ 的散布图（图 9-1）在一个椭圆内分布着。

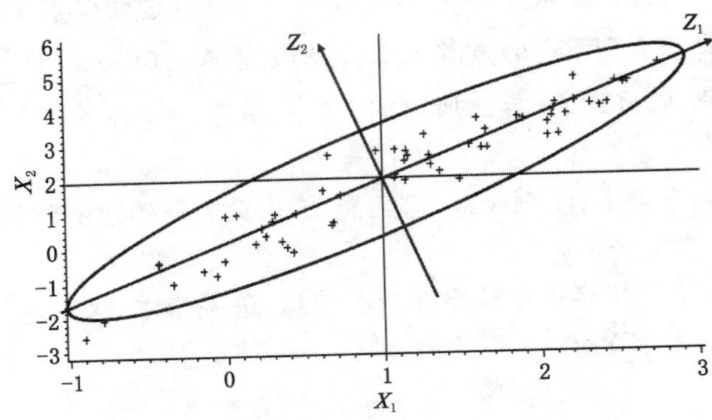

图 9-1　二维正态数据散布图

对于二元正态随机向量，n 个点散布在一个椭圆内（当 X_1, X_2 相关性越强，这个椭圆就越扁）。若取椭圆的长轴为坐标轴 Z_1，椭圆的短轴为 Z_2，这相当于在平面上作一个坐标变换，即按逆时针方向旋转一个角度 α，根据旋转变换公式，新老坐标之间有关系：

$$\begin{cases} Z_1 = \cos\alpha \cdot X_1 + \sin\alpha \cdot X_2 \\ Z_2 = -\sin\alpha \cdot X_1 + \cos\alpha \cdot X_2 \end{cases}$$

Z_1、Z_2 是原变量 X_1 和 X_2 的特殊线性组合。

从图 9-1 可以看出二维平面上 n 个点的波动（用两个变量的方差和表示）大部分可以归结为在 Z_1 方向的波动，而在 Z_2 方向上的波动很小，可以忽略。这样一来，二维问题可以降为一维了，只取第一个综合变量 Z_1 即可，而 Z_1 是椭圆的长轴。

一般情况，p 个变量组成 p 维空间，n 个样品点就是 p 维空间的 n 个点。对于 p 元正态分布变量来说，找主成分的问题就是找 p 维空间中椭球的主轴问题。

9.1.2.4　总体主成分的性质

(1) 主成分的协方差矩阵及总方差

记 $\boldsymbol{Y}=(Y_1, Y_2, \cdots, Y_p)^{\mathrm{T}}$ 为主成分向量，则 $\boldsymbol{Y}=\boldsymbol{P}^{\mathrm{T}}\boldsymbol{X}$，其中 $\boldsymbol{P}=(e_1, e_2, \cdots, e_p)$，且：

$$\mathrm{Cov}(\boldsymbol{Y}) = \mathrm{Cov}(\boldsymbol{P}^{\mathrm{T}}\boldsymbol{X}) = \boldsymbol{P}^{\mathrm{T}} \sum \boldsymbol{P} = \Lambda = \mathrm{diag}(\lambda_1, \cdots, \lambda_p)$$

由此立得主成分的总方差为：

$$\sum_{i=1}^{p} \mathrm{Var}(Y_i) = \sum_{i=1}^{p} \lambda_i = \mathrm{tr}(\boldsymbol{P}^{\mathrm{T}} \sum \boldsymbol{P}) = \mathrm{tr}(\sum) = \sum_{i=1}^{p} \mathrm{Var}(X_i)$$

即主成分分析是把 p 个原变量 $X_1, X_2, \cdots, X_p$ 的总方差分解成 p 个不相关变量 $Y_1, Y_2, \cdots, Y_p$ 的方差之和。

【定义 9-1】 $\lambda_k / \sum_{i=1}^{p} \lambda_i$ 称为第 k 个主成分 Y_k 的贡献率；$\sum_{i=1}^{m} \lambda_i / \sum_{i=1}^{p} \lambda_i$ 称为 $Y_1, Y_2, \cdots, Y_p$ 的累计贡献率。

贡献率表示各主成分的方差及其在总方差中所占的比例。实际中常取 $m<p$，使前 m 个主成分的累计贡献率达到较高的比例（如 80%～90%）。这样用前 m 个主成分 $Y_1, Y_2, \cdots, Y_m$ 代替原始变量 $X_1, X_2, \cdots, X_p$，不但使变量维数降低，而且也不至于损失原始变量中的太多信息。

（2）主成分 Y_i 与变量 X_j 的相关系数

由于 $\boldsymbol{Y}=\boldsymbol{P}^{\mathrm{T}}\boldsymbol{X}$，故 $\boldsymbol{X}=\boldsymbol{PY}$，从而：

$$X_j = e_{1j}Y_1 + e_{2j}Y_2 + \cdots + e_{pj}Y_p, \mathrm{Cov}(Y_i, X_j) = \lambda_i e_{ij}$$

由此可得 Y_i 与 X_j 的相关系数[也称为因子负（载）荷量]为：

$$\rho_{Y_i, X_j} = \frac{\mathrm{Cov}(Y_i, X_j)}{\sqrt{\mathrm{Var}(Y_i)}\ \sqrt{\mathrm{Var}(X_j)}} = \frac{\lambda_i e_{ij}}{\sqrt{\lambda_i}\ \sqrt{\sigma_{jj}}} = \frac{\sqrt{\lambda_i}}{\sqrt{\sigma_{jj}}} e_{ij}$$

它给出了主成分 Y_i 与原始变量 X_j 的关联性的度量。

【定义 9-2】 前 m 个主成分对原变量 $\boldsymbol{X}_j$ 的贡献率（共同度）h_j 为：$h_j = \sum_{k=1}^{m} \lambda_k e_{kj}^2 / \sigma_{jj}$。

下面通过具体例子说明求总体主成分的方法。

【例 9-1】 设随机变量 $\boldsymbol{X}=(X_1, X_2, X_3)^{\mathrm{T}}$ 的协方差矩阵为 $\boldsymbol{\Sigma}=\begin{bmatrix} 1 & -2 & 0 \\ -2 & 5 & 0 \\ 0 & 0 & 2 \end{bmatrix}$，求 $\boldsymbol{X}$ 的各主成分。

解：易得 $\boldsymbol{\Sigma}$ 的特征值及相应的正交化特征向量分别为：

$$\lambda_1 = 5.83, \boldsymbol{e}_1^{\mathrm{T}} = (0.383, -0.924, 0)$$

$$\lambda_2 = 2.00, \boldsymbol{e}_2^{\mathrm{T}} = (0, 0, 1)$$

$$\lambda_3 = 0.17, \boldsymbol{e}_3^{\mathrm{T}} = (0.924, 0.383, 0)$$

因此 $\boldsymbol{X}$ 的主成分为：

$$Y_1 = \boldsymbol{e}_1^{\mathrm{T}}\boldsymbol{X} = 0.383X_1 - 0.924X_2$$

$$Y_2 = \boldsymbol{e}_2^{\mathrm{T}}\boldsymbol{X} = X_3$$

$$Y_3 = \boldsymbol{e}_3^{\mathrm{T}}\boldsymbol{X} = 0.924X_1 + 0.383X_2$$

X_3 是一个主成分，由 $\boldsymbol{\Sigma}$ 可知，X_3 和 X_1, X_2 均不相关。

如果只取第一主成分，则贡献率为：$\dfrac{5.83}{5.83+2.00+0.17} \approx 73\%$。

此时对 X_1, X_2, X_3 的贡献率分别为：$h_1 = 5.83 \times 0.383^2 / 1 \approx 0.855$；$h_2 = 5.83 \times (-0.924)^2 / 5 \approx 0.996$；$h_3 = 0$。

若取前两个主成分（$m=2$），则累计贡献率为：$\dfrac{5.83+2.00}{5.83+2.00+0.17} \approx 98\%$。

此时对 X_1, X_2, X_3 的贡献率分别为：$h_1 = 5.83 \times 0.383^2/1 + 2.00 \times 0^2/1 \approx 0.855$；$h_2 =$

$5.83\times(-0.924)^2+2.00\times0^2/5\approx0.996$；$h_3=5.83\times0^2/2+2.00\times1^2/2=1$。

进一步求前两个主成分与各原始变量的相关系数分别为：$\rho_{Y_1,X_1}=\sqrt{5.38}\times0.383\approx0.888$；$\rho_{Y_1,X_2}=\frac{\sqrt{5.38}}{\sqrt{5}}\times(-0.924)\approx-0.958$；$\rho_{Y_1,X_3}=\frac{\sqrt{5.38}}{\sqrt{2}}\times0=0$。

同理，可求得 $\rho_{Y_2,X_1}=0$，$\rho_{Y_2,X_2}=0$，$\rho_{Y_2,X_3}=1$。

即 Y_1 与 X_1，X_2 高度相关而与 X_3 不相关；Y_2 与 X_3 以概率1呈完全线性关系。

9.1.2.5　标准化变量的主成分

实际中，不同的变量往往有不同的量纲，由于不同的量纲会引起各变量取值的分散程度差异较大，这时总体方差则主要受方差较大的变量的控制。若用 $\boldsymbol{\Sigma}$ 求主成分，则优先照顾了方差较大的变量，有时会造成很不合理的结果。为消除这种影响，常采用变量标准化的方法，即令：

$$X_i^*=\frac{X_i-\mu_i}{\sqrt{\sigma_{ii}}}\quad i=1,2,\cdots,p$$

其中，μ_i 和 σ_{ii} 分别为 X_i 的数学期望和方差。$\boldsymbol{X}^*=(X_1^*,X_2^*,\cdots,X_p^*)^{\mathrm{T}}$ 的协方差矩阵便是 $\boldsymbol{X}$ 的相关矩阵 $\boldsymbol{\rho}=(\rho_{ij})_{p\times p}$。

第 i 个主成分 Y_i^* 的贡献率为 i^*/p，前 m 个主成分的累计贡献率为 $\sum_{i=1}^{m}\lambda_i^*/p$。

Y_i^* 与 X_j^* 的相关系数为 $\rho_{Y_i^*,X_j^*}=\sqrt{\lambda_i^*}e_{ij}^*$。

【例9-2】 设 $\boldsymbol{X}=(X_1,X_2)^{\mathrm{T}}$ 的协方差矩阵为 $\boldsymbol{\Sigma}=\begin{bmatrix}1 & 4\\4 & 100\end{bmatrix}$，相应的相关矩阵为 $\boldsymbol{\rho}=\begin{bmatrix}1 & 0.4\\0.4 & 1\end{bmatrix}$，分别从 $\boldsymbol{\Sigma}$ 和 $\boldsymbol{\rho}$ 出发，作主成分分析。

解：如果从 $\boldsymbol{\Sigma}$ 出发作主成分分析，易得其特征值和相应的正交单位化特征向量为：

$$\lambda_1=100.16,\boldsymbol{e}_1=(0.040,0.999)^{\mathrm{T}}$$
$$\lambda_2=0.84,\boldsymbol{e}_2=(0.999,-0.040)^{\mathrm{T}}$$

$\boldsymbol{X}$ 的两个主成分分别为：

$$Y_1=0.040X_1+0.999X_2,Y_2=0.999X_1-0.040X_2$$

第一主成分的贡献率为：$\frac{\lambda_1}{\lambda_1+\lambda_2}=\frac{100.16}{101}\approx99.2\%$。

Y_1 与 X_1，X_2 的相关系数分别为：$\rho_{Y_1,X_1}=0.400$，$\rho_{Y_1,X_2}=0.999$。

可见由于 X_2 的方差很大，它完全控制了提取信息量占99.2%的第一主成分（X_2 在 Y_1 中的系数为0.999），淹没了变量 X_1 的作用。

如果从 ρ 出发求主成分，可求得其特征值和相应的正交单位化特征向量为：

$$\lambda_1^*=1.4,\boldsymbol{e}_1^*=(0.707,0.707)^{\mathrm{T}}$$
$$\lambda_2^*=0.6,\boldsymbol{e}_2^*=(0.707,-0.707)^{\mathrm{T}}$$

$\boldsymbol{X}^*$ 的两个主成分分别为：

$$Y_1^*=0.707X_1^*+0.707X_2^*=0.707(X_1-\mu_1)+0.707(X_2-\mu_2)$$
$$Y_2^*=0.707X_1^*-0.707X_2^*=0.707(X_1-\mu_1)-0.707(X_2-\mu_2)$$

此时，第一主成分的贡献率有所下降，为：$\frac{\lambda_1^*}{p}=\frac{1.4}{2}=70\%$。

Y_1^* 与 X_1^*，X_2^* 的相关系数分别为：$\rho_{Y_1^*,X_1^*}=\rho_{Y_1^*,X_{21}^*}=\sqrt{1.4}\times 0.707\approx 0.837$。

由 ρ 所求得的第一主成分中，X_1 和 X_2 的权重系数为 0.707 和 0.707，第一主成分与标准化变量 $\boldsymbol{X}^*$ 的相关性变为 0.837，即 X_1 的相对重要性得到提升。

此例也说明，由 $\boldsymbol{\Sigma}$ 和 $\boldsymbol{\rho}$ 所求得的主成分一般是不同的。在实际运用中，当涉及的多个变量的变化范围或是量纲差异较大时，从 $\boldsymbol{\rho}$ 出发求主成分比较合理。

9.1.3　样本主成分

9.1.3.1　样本主成分的定义和性质

当 $\boldsymbol{\Sigma}$（或 $\boldsymbol{\rho}$）未知时，通过样本值进行估计，从而可得到样本主成分。

设 $\boldsymbol{x}_i=(x_{i1},x_{i2},\cdots,x_{ip})^{\mathrm{T}}(i=1,2,\cdots,n)$ 为 $\boldsymbol{X}=(X_1,X_2,\cdots,X_p)^{\mathrm{T}}$ 的一个容量为 n 的简单随机样本，则样本协方差矩阵及样本相关矩阵分别为：

$$\boldsymbol{S}=(s_{ij})_{p\times p}=\frac{1}{n-1}\sum_{k=1}^{n}(x_k-\bar{\boldsymbol{x}})(x_k-\bar{\boldsymbol{x}})^{\mathrm{T}}$$

$$\boldsymbol{R}=(r_{ij})_{p\times p}=\left[\frac{s_{ij}}{\sqrt{s_{ii}s_{jj}}}\right] \tag{9-9}$$

其中，$\bar{\boldsymbol{x}}=(\bar{x}_1,\bar{x}_2,\cdots,\bar{x}_p)^{\mathrm{T}}$，$\bar{x}_j=\frac{1}{n}\sum_{i=1}^{n}x_{ij}(i=1,2,\cdots,p)$；$s_{ij}=\frac{1}{n-1}\sum_{k=1}^{n}(x_{ki}-\bar{x}_i)(x_{kj}-\bar{x}_j)(i,j=1,2,\cdots,p)$。

分别以 $\boldsymbol{S}$ 和 $\boldsymbol{R}$ 作为 $\boldsymbol{\Sigma}$ 和 $\boldsymbol{\rho}$ 的估计，按前面所述方法求得的主成分称为样本主成分。

样本主成分有以下结论：

设 $\boldsymbol{S}$ 是样本协方差矩阵，其特征值为 $\hat{\lambda}_1\geqslant\cdots\geqslant\hat{\lambda}_p\geqslant 0$，相应的正交单位化特征向量为 $\hat{\boldsymbol{e}}_1,\cdots,\hat{\boldsymbol{e}}_p$，其中 $\hat{\boldsymbol{e}}_i=(\hat{e}_{i1},\cdots,\hat{e}_{ip})$。则第 i 个样本主成分为：

$$y_i=\hat{e}_{i1}x_1+\cdots+\hat{e}_{ip}x_p\quad i=1,2,\cdots,p$$

当依次代入 $\boldsymbol{X}$ 的 n 个观测值 $\boldsymbol{x}_k=(x_{k1},x_{k2},\cdots,x_{kp})^{\mathrm{T}}$，$k=1,\cdots,n$ 时，便得到第 i 个样本主成分 y_i 的 n 个观测值 $y_{ki}(k=1,2,\cdots,n)$，我们称之为第 i 个主成分的得分。

y_i 的样本方差为 $\hat{\lambda}_i$，$i=1,2,\cdots,p$；y_i 与 y_j 的样本协方差为 $0(i\neq j)$。

样本总方差 $\sum_{i=1}^{p}s_{ii}=\sum_{i=1}^{p}\hat{\lambda}_i$，第 i 个样本主成分的贡献率定义为：

$$\hat{\lambda}_i/\sum_{i=1}^{p}\hat{\lambda}_k\quad i=1,2,\cdots,p$$

前 m 个样本主成分的累计贡献率定义为：

$$\sum_{i=1}^{m}\hat{\lambda}_i/\sum_{k=1}^{p}\hat{\lambda}_k\text{。}$$

为了消除量纲的影响，对样本进行标准化，即令：

$$\boldsymbol{x}_i^*=\left[\frac{x_{i1}-\bar{x}_1}{\sqrt{s_{11}}},\frac{x_{i2}-\bar{x}_2}{\sqrt{s_{22}}},\cdots,\frac{x_{ip}-\bar{x}_p}{\sqrt{s_{pp}}}\right]^{\mathrm{T}}\quad i=1,2,\cdots,n$$

则标准化数据的样本协方差矩阵即为原数据的样本相关矩阵 $\boldsymbol{R}$。由 $\boldsymbol{R}$ 出发所求得的样本主成分称为标准化样本主成分。只要求出 $\boldsymbol{R}$ 的特征值及相应的正交化单位特征向量，类似上述结果可求得标准化样本主成分。这时标准化的样本总方差为 p。

实际中，将样本原始数据代入各主成分中，可得到各样本主成分的观测值，即主成分得分表(表 9-1)。

表 9-1　原始数据及主成分得分表

序号	原变量				主成分			
	X_1	X_2	…	X_p	Y_1	Y_2	…	Y_p
1	x_{11}	x_{12}	…	x_{1p}	y_{11}	y_{12}	…	y_{1p}
2	x_{21}	x_{22}	…	x_{2p}	y_{21}	y_{22}	…	y_{2p}
⋮		⋮				⋮		
n	x_{n1}	x_{n2}	…	x_{np}	y_{n1}	y_{n2}	…	y_{np}

选取前 $m(m<p)$ 个样本主成分，使其累计贡献率达到一定的要求(如 80%～90%)，以前 m 个样本主成分的得分代替原始数据做分析，这样便可以达到降低原始数据维数的目的。

9.1.3.2　应用实例

【例 9-3】　对 10 名男中学生的身高(x_1)、胸围(x_2)和体重(x_3)进行测量，得数据表 9-2，对其作主成分分析。

表 9-2　男中学生身体指标数据

序号	身高 x_1/cm	胸围 x_2/cm	体重 x_3/kg
1	149.5	69.5	38.5
2	162.5	77.0	55.5
3	162.7	78.5	50.8
4	162.2	87.5	65.5
5	156.5	74.5	49.0
6	156.1	74.5	45.5
7	172.0	76.5	51.0
8	173.2	81.5	59.5
9	159.5	74.5	43.5
10	157.7	79.0	53.5

解：用协方差矩阵进行主成分分析，R 程序如下所示：

```
data <-read.table("stu.csv", header = T,sep=",")
> student.pr <-princomp(data, cor = T)
> summary(student.pr, loadings = T)
```

```
Importance of components:
                          Comp.1    Comp.2     Comp.3
Standard deviation     1.555833 0.7309406 0.21238457
Proportion of Variance 0.8068729 0.1780914 0.01503573
Cumulative Proportion  0.8068729 0.9849643 1.00000000
Loadings:
   Comp.1 Comp.2 Comp.3
x1  0.498  0.864
x2  0.606 -0.409  0.682
x3  0.620 -0.295 -0.727
>
> pca_data <-predict(student.pr)
> pca_data
          Comp.1      Comp.2       Comp.3
[1,]  -2.9416575 -0.28227718 -0.043397638
[2,]   0.4112145  0.02365049 -0.447014765
[3,]   0.2328479  0.10136329  0.236666804
[4,]   2.6065330 -1.34392712  0.132501271
[5,]  -0.8974253 -0.25632514 -0.249373415
[6,]  -1.2177326 -0.16855309  0.087897851
[7,]   0.6646980  1.44850659  0.021997723
[8,]   2.1190489  0.81943081 -0.052234766
[9,]  -1.1357922  0.34087559  0.320341519
[10,]  0.1582655 -0.68274425 -0.007384584
```

结果图如图 9-2 所示。

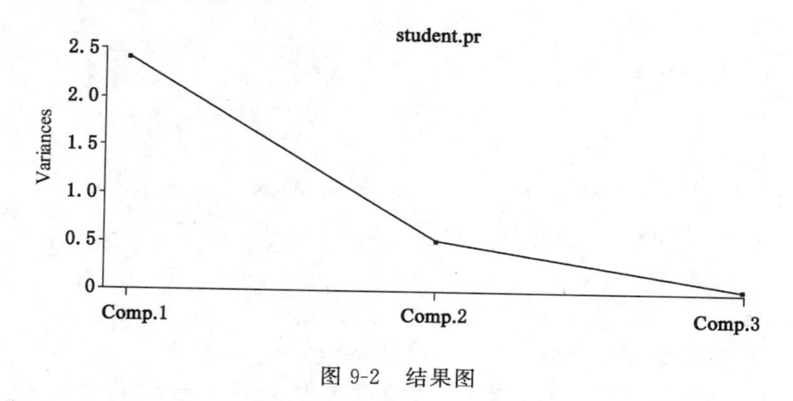

图 9-2　结果图

在数据分析过程中，主成分分析一般不单独使用，而是常常与其他统计分析方法结合起来使用。如在多元线性回归问题中，自变量之间往往会存在多重共线性问题，此时可先提取主成分，再用主成分得分进行回归分析，即为主成分回归，如下例。

【例 9-4】 经济分析数据的主成分回归。

考察进口总额 y 与三个自变量：国内总产值 x_1，存储量 x_2，总消费量 x_3（单位均为十亿法郎）有关。现收集了 1949 年至 1959 年共 11 年的数据（表 9-3）。对表 9-3 的数据试用主成分回归分析方法求进口总额与总产值、存储量和总消费量的定量关系式。

表 9-3　经济分析数据

序号	x_1	x_2	x_3	y
1	149.3	4.2	108.1	15.9
2	161.2	4.1	114.8	16.4
3	171.5	3.1	123.2	19.0
4	175.5	3.1	126.9	19.1
5	180.8	1.1	132.1	18.8
6	190.7	2.2	137.7	20.4
7	202.1	2.1	146.0	22.7
8	212.4	5.6	154.1	26.5
9	226.1	5.0	162.3	28.1
10	231.9	5.1	164.3	27.6
11	239.0	0.7	167.6	26.3

解：先进行主成分分析，再由主成分建立多元线性回归方程。

程序如下：

```
> lm.sol<-lm(y~x1+x2+x3, data=T)
> summary(lm.sol)

Call:
lm(formula = y ~ x1 + x2 + x3, data = T)

Residuals:
     Min       1Q   Median       3Q      Max
-0.52367 -0.38953  0.05424  0.22644  0.78313

Coefficients:
             Estimate Std. Error t value Pr(>|t|)
(Intercept) -10.12799    1.21216  -8.355 6.9e-05 ***
x1           -0.05140    0.07028  -0.731 0.488344
x2            0.58695    0.09462   6.203 0.000444 ***
x3            0.28685    0.10221   2.807 0.026277 *
```

```
---
Signif. codes:  0 '***' 0.001 '**' 0.01 '*' 0.05 '.' 0.1 ' ' 1

Residual standard error: 0.4889 on 7 degrees of freedom
Multiple R-squared:  0.9919,     Adjusted R-squared:  0.9884
F-statistic: 285.6 on 3 and 7 DF,  p-value: 1.112e-07

> conomy.pr<-princomp(~x1+x2+x3)
> summary(conomy.pr, loadings=TRUE)
Importance of components:
                           Comp.1      Comp.2      Comp.3
Standard deviation     34.6956706 1.590134395 1.175336973
Proportion of Variance  0.9967625 0.002093673 0.001143842
Cumulative Proportion   0.9967625 0.998856158 1.000000000

Loadings:
   Comp.1 Comp.2 Comp.3
x1  0.824  0.128  0.552
x2        -0.974  0.225
x3  0.566 -0.184 -0.803
> pre<-predict(conomy.pr)
> conomy$z1<-pre[,1]; conomy$z2<-pre[,2]
Error in conomy$z1 <-pre[, 1] : 找不到对象'conomy'
> T$z1<-pre[,1]; T$z2<-pre[,2]
> llm.sol<-lm(y~z1+z2, data=T)
> summary(llm.sol)

Call:
lm(formula = y ~ z1 + z2, data = T)

Residuals:
     Min       1Q   Median      3Q     Max
-0.75107 -0.21660  0.06095 0.22799 0.71953

Coefficients:
             Estimate Std. Error t value Pr(>|t|)
(Intercept) 21.890909   0.147622 148.290 4.78e-15 ***
z1           0.120866   0.004255  28.407 2.55e-09 ***
z2          -0.631440   0.092836  -6.802 0.000138 ***
```

```
---
Signif. codes:  0 '***' 0.001 '**' 0.01 '*' 0.05 '.' 0.1 ' ' 1

Residual standard error: 0.4896 on 8 degrees of freedom
Multiple R-squared:  0.9907,  Adjusted R-squared:  0.9884
F-statistic: 426.6 on 2 and 8 DF,  p-value: 7.445e-09
>
```

结果图如图 9-3 所示。

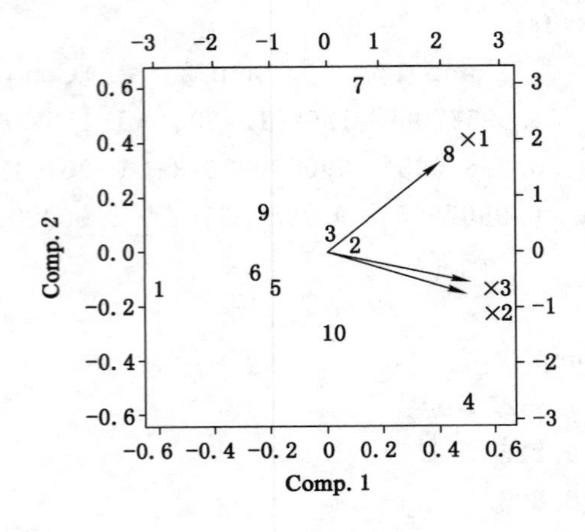

图 9-3　结果图

9.2　因子分析

9.2.1　引言

因子分析是主成分分析的推广和发展，它也是多元统计分析中降维的一种方法。因子分析是研究相关阵或协差阵的内部依赖关系，它将多个变量综合为少数几个因子，以再现原始变量与因子之间的相关关系。

因子分析的形成和早期发展一般认为是从 Charles Spearman 在 1904 年发表的文章开始。他提出这种方法用来解决智力测验得分的统计分析。目前因子分析在心理学、社会学、经济学等各学科领域都取得成功的应用。

【例 9-5】　为了了解学生的学习能力，观测了 n 个学生 p 个科目的成绩（分数），用 $X_1,\cdots,X_p$ 表示 p 个科目（例如代数、几何、语文、英语、政治……），$\boldsymbol{X}_{(t)}=(x_{t1},\cdots,x_{tp})^{\mathrm{T}}(t=1,\cdots,n)$ 表示第 t 个学生第 p 个科目的成绩，我们对这些资料进行归纳分析，可以看出各个科目（即变量）由两部分组成：

$$X_i=a_iF+\varepsilon_i \quad i=1,\cdots,p \tag{9-10}$$

其中，F 是对所有 X_i 所共有的因子，它表示智能高低的因子；ε_i 是变量 X_i 特有的特殊因子。这就是一个最简单的因子模型。

进一步可把这个简单因子模型推广到多个因子的情况，即全体科目 X 所共有的因子有 m 个，如数学推导因子、记忆因子、计算因子等。分别记为 $F_1,\cdots,F_m$，即：

$$X_i=a_{i1}F_1+a_{i2}F_2+\cdots+a_{im}F_m+\varepsilon_i \tag{9-11}$$

用这 m 个不可观测的相互独立的公共因子 $F_1,\cdots,F_m$（也称为潜因子）和一个特殊因子 ε_i来描述原始可测的相关变量（科目）$X_1,\cdots,X_p$，并解释分析学生的学习能力。

因子分析的主要应用有两方面：一是寻求基本结构，简化观测系统。将具有错综复杂关系的对象（变量或样品）综合为少数几个因子（不可观测的，相互独立的随机变量），以再现因子与原变量之间的内在联系。二是用于分类，对 p 个变量或 n 个样品进行分类。

因子分析根据研究对象可以分为 R 型和 Q 型因子分析。

R 型因子分析研究变量（指标）之间的相关关系，通过对变量的相关矩阵或协差矩阵内部结构的研究，找出控制所有变量的几个公共因子（或称主因子、潜因子），用以对变量或样品进行分类。

Q 型因子分析研究样品之间的相关关系，通过对样品的相似矩阵内部结构的研究找出控制所有样品的几个主要因素（或称主因子）。

因子分析与主成分分析区别有：

主成分分析一般不用数学模型来描述，它只是通常的变量变换，而因子分析需要构造因子模型（正交或斜交）；主成分分析中主成分的个数和变量个数 p 相同，它是将一组具有相关性的变量变换为一组独立的综合变[注意应用主成分分析解决实际问题时，一般只选取 m（$m<p$）个主成分]，而因子分析的目的是要用尽可能少的公因子，以便构造一个结构简单的因子模型；主成分分析是将主成分表示为原变量的线性组合，而因子分析是将原始变量表示为公因子和特殊因子的线性组合。

9.2.2　因子分析模型

9.2.2.1　正交因子模型

设 $\boldsymbol{X}=(X_1,\cdots,X_p)^{\mathrm{T}}$是可观测的随机向量，$E(\boldsymbol{X})=\boldsymbol{\mu}$，$D(\boldsymbol{X})=\boldsymbol{\Sigma}$。$\boldsymbol{F}=(F_1,\cdots,F_m)^{\mathrm{T}}$（$m<p$）是不可观测的随机向量，$E(\boldsymbol{F})=0$，$D(\boldsymbol{F})=\boldsymbol{I}_m$（即 $\boldsymbol{F}$ 的各分量方差为 1，且互不相关）。

又设 $\boldsymbol{\varepsilon}=(\varepsilon_1,\cdots,\varepsilon_p)^{\mathrm{T}}$与 $\boldsymbol{F}$ 相互独立，且 $E(\boldsymbol{\varepsilon})=0$，$D(\boldsymbol{\varepsilon})=\mathrm{diag}(\sigma_1^2,\cdots,\sigma_p^2)=\boldsymbol{D}$。

假定随机向量 $\boldsymbol{X}$ 满足以下的模型：

$$\begin{cases}X_1-\mu_1=a_{11}F_1+a_{12}F_2+\cdots+a_{1m}F_m+\varepsilon_1\\ X_2-\mu_2=a_{21}F_1+a_{22}F_2+\cdots+a_{2m}F_m+\varepsilon_2\\ \qquad\vdots\\ X_p-\mu_p=a_{p1}F_1+a_{p2}F_2+\cdots+a_{pm}F_m+\varepsilon_p\end{cases} \tag{9-12}$$

则称式(9-12)为正交因子模型。其矩阵形式可表示为：

$$\underset{p\times1}{\boldsymbol{X}}=\underset{p\times1}{\boldsymbol{\mu}}+\underset{p\times m}{\boldsymbol{A}}\cdot\underset{m\times1}{\boldsymbol{F}}+\underset{p\times1}{\boldsymbol{\varepsilon}} \tag{9-13}$$

其中 $\boldsymbol{F}=(F_1,\cdots,F_m)^{\mathrm{T}}$，$F_1,\cdots,F_m$称为 $\boldsymbol{X}$ 的公共因子；$\boldsymbol{\varepsilon}=(\varepsilon_1,\cdots,\varepsilon_p)^{\mathrm{T}}$，$\varepsilon_1,\cdots,\varepsilon_p$称为 $\boldsymbol{X}$ 的特殊因子。公共因子 $F_1,\cdots,F_m$对 $\boldsymbol{X}$ 的每一个分量 $X_1,\cdots,X_p$都有作用，而特殊因子 ε_i只

对 X_i起作用。而且各特殊因子之间以及特殊因子与所有公共因子之间都是相互独立的。

模型中的矩阵 $\boldsymbol{A}=(a_{ij})_{(p\times m)}$是待估的系数矩阵，称为因子载荷矩阵。$a_{ij}(i=1,\cdots,p;j=1,\cdots,m)$ 称为第 i 个变量在第 j 个因子上的载荷(简称为因子载荷)，或称为第 j 个因子为预测第 i 个变量的回归系数。

这里有几个关键性的假设：

① 公共因子 F_i互不相关，且 $D(\boldsymbol{F})=\boldsymbol{I}_m$；

② 特殊因子互不相关，且 $D(\boldsymbol{\varepsilon})=\mathrm{diag}(\sigma_1^2,\cdots,\sigma_p^2)=\boldsymbol{D}$；

③ 特殊因子与公共因子不相关，即 $\mathrm{Cov}(\boldsymbol{\varepsilon},\boldsymbol{F})=\boldsymbol{O}_{p\times m}$。

在正交因子模型中，假定公因子彼此不相关且具有单位方差，即 $D(\boldsymbol{F})=\boldsymbol{I}_m$，在这种情况下，$\boldsymbol{\Sigma}=D(\boldsymbol{X})=D(\boldsymbol{AF}+\boldsymbol{\varepsilon})=E[(\boldsymbol{AF}+\boldsymbol{\varepsilon})(\boldsymbol{AF}+\boldsymbol{\varepsilon})^{\mathrm{T}}]=\boldsymbol{AD}(\boldsymbol{F})\boldsymbol{A}^{\mathrm{T}}+D(\boldsymbol{\varepsilon})=\boldsymbol{AA}^{\mathrm{T}}+\boldsymbol{D}$。

即：

$$\boldsymbol{\Sigma}-\boldsymbol{D}=\boldsymbol{AA}^{\mathrm{T}} \tag{9-14}$$

式(9-14)称为正交因子模型的协方差结构。

如果原始变量已被标准化为单位方差，在式(9-14)中将用相关矩阵代替协差矩阵。在这种意义上，公共因子解释了观测变量间的相关性。用正交因子模型预测的相关与实际的相关之间的差异就是剩余相关。评估正交因子模型拟合优度的好方法就是考察剩余相关的大小[即误差平方和 $Q(m)$的大小]。

因子分析的任务首先是由样本协方差矩阵估计 $\boldsymbol{\Sigma}$，然后由 $\boldsymbol{\Sigma}$ 满足的分解式(9-14)求得 $\boldsymbol{A}$ 和 $\boldsymbol{D}$。而由：

$$\begin{aligned}\mathrm{Cov}(\boldsymbol{X},\boldsymbol{F})&=\boldsymbol{E}[(\boldsymbol{X}-\boldsymbol{EX})(\boldsymbol{F}-\boldsymbol{EF})^{\mathrm{T}}]=\boldsymbol{E}[(\boldsymbol{X}-\boldsymbol{\mu})\boldsymbol{F}^{\mathrm{T}}]\\&=\boldsymbol{E}[(\boldsymbol{AF}+\boldsymbol{\varepsilon})\ \boldsymbol{F}^{\mathrm{T}}]=\boldsymbol{AE}(\boldsymbol{FF}^{\mathrm{T}})+\boldsymbol{E}(\boldsymbol{\varepsilon F}^{\mathrm{T}})=\boldsymbol{A}\end{aligned} \tag{9-15}$$

可见 $\boldsymbol{A}$ 中元素 a_{ij} 刻画变量 X_i与 F_j之间的相关性，称 a_{ij} 为 X_i在 F_j上的因子载荷。

9.2.2.2 正交因子模型中各个量的统计意义

(1) 因子载荷的统计意义

由因子模型(9-13)及(9-14)可知 X_i与 F_j的协方差为：

$$\mathrm{Cov}(X_i,F_j)=a_{ij}$$

如果变量 X_i是标准化变量[即 $E(X_i)=0,D(X_i)=1$]，则

$$\rho_{ij}=\frac{\mathrm{Cov}(X_i,F_j)}{\sqrt{D(X_i)}\ \sqrt{D(F_j)}}=\mathrm{Cov}(X_i,F_j)=a_{ij}$$

这时因子载荷 a_{ij} 就是第 i 个变量与第 j 个公共因子的相关系数。

(2) 变量共同度的统计意义

因子载荷矩阵 $\boldsymbol{A}$ 中各行元素的平方和记为 h_i^2，即：

$$h_i^2=\sum_{t=1}^{m}a_{it}^2\quad i=1,2,\cdots,p$$

式中，h_i^2 称为变量 X_i的共同度。

而变量 X_i的方差为：

$$\mathrm{Var}(X_i)=\mathrm{Var}(\sum_{t=1}^{m}a_{it}F_t+\varepsilon_i)=\sum_{t=1}^{m}a_{it}^2\mathrm{Var}(F_t)+\mathrm{Var}(\varepsilon_i)=h_i^2+\sigma_i^2 \tag{9-16}$$

由式(9-16)可见，X_i的方差由两部分组成。第一部分 h_i^2 是全部(m 个)公共因子对变量

X_i的总方差所做出的贡献，称为公因子方差；第二部分 σ_i^2 是由特定因子 ε_i产生的方差，它仅与变量 X_i有关，也称为剩余方差。显然，若 h_i^2 大，σ_i^2 必小。而 h_i^2 大表明 X_i对公因子 F_1，…，F_m的共同依赖程度大，故称公因子方差 h_i^2 为变量 X_i的共同度。

(3) 公共因子的方差贡献 F_j 的统计意义

在因子载荷矩阵 $\boldsymbol{A}$ 中，求 $\boldsymbol{A}$ 的各列的平方和，记为 q_j^2，即：

$$q_j^2 = \sum_{t=1}^{p} a_{tj}^2 \quad j = 1,2,\cdots,m$$

式中，q_j^2 的统计意义与 X_i的共同度 h_i^2 恰好相反，q_j^2 表示第 j 个公共因子 F_j 对 $\boldsymbol{X}$ 的所有分量 $X_1,\cdots,X_p$的总影响，称为公共因子 F_j 对 $\boldsymbol{X}$ 的贡献(q_j^2 是同一公共因子 F_j对诸变量所提供的方差之总和)，它是衡量公共因子相对重要性的指标。q_j^2 越大，表明 F_j对 $\boldsymbol{X}$ 的贡献愈大。如果我们把 $\boldsymbol{A}$ 矩阵的各列平方和都计算出来，使相应的贡献有顺序：$q_1^2 \geqslant q_2^2 \geqslant \cdots \geqslant q_m^2$，就能够以此为依据提炼出最有影响的公共因子。

要解决此问题，关键是求载荷矩阵 $\boldsymbol{A}$ 的估计。

9.2.2.3　参数估计

因子分析的参数估计问题就是估计公共因子的个数 m、因子载荷矩阵 $\boldsymbol{A}$ 及特殊因子的方差 $\sigma_i^2(i=1,\cdots,p)$，使得满足正交因子模型的协方差结构(9-14)。

由 p 个相关变量的观测数据可得到协差矩阵 $\boldsymbol{\Sigma}$ 的估计 $\boldsymbol{S}$。为了建立公因子模型，首先要估计因子载荷 a_{ij}和特殊方差 σ_i^2。常用的参数估计方法有主成分法、主因子法、极大似然法等。

(1) 主成分法

设样本协差矩阵 $\boldsymbol{S}$ 的特征值为 $\lambda_1 \geqslant \lambda_2 \geqslant \cdots \geqslant \lambda_p \geqslant 0$，相应单位正交特征向量为 $\boldsymbol{l}_1,\boldsymbol{l}_2,\cdots,\boldsymbol{l}_p$，记 $\boldsymbol{\Lambda}=\mathrm{diag}(\lambda_1,\lambda_2,\cdots,\lambda_p)$。根据线性代数的知识有以下分解式：

$$\boldsymbol{S} = \lambda_1 \boldsymbol{l}_1 \boldsymbol{l}_1^{\mathrm{T}} + \lambda_2 \boldsymbol{l}_2 \boldsymbol{l}_2^{\mathrm{T}} + \cdots + \lambda_p \boldsymbol{l}_p \boldsymbol{l}_p^{\mathrm{T}} = (\sqrt{\lambda_1}\boldsymbol{l}_1,\cdots,\sqrt{\lambda_m}\boldsymbol{l}_m,\cdots,\sqrt{\lambda_p}\boldsymbol{l}_p)\begin{pmatrix}\sqrt{\lambda_1}\boldsymbol{l}_1^{\mathrm{T}}\\ \vdots \\ \sqrt{\lambda_p}\boldsymbol{l}_p^{\mathrm{T}}\end{pmatrix}$$

$$= \boldsymbol{LL}' = \boldsymbol{AA}' + \boldsymbol{BB}'$$

其中，$\boldsymbol{A}$ 为 $p \times m$ 矩阵，$\boldsymbol{B}$ 为 $p \times (p-m)$矩阵。

当最后 $p-m$ 个特征值较小时，则 $\boldsymbol{S}$ 可近似地分解为：

$$\boldsymbol{S} = (\sqrt{\lambda_1}\boldsymbol{l}_1,\cdots,\sqrt{\lambda_m}\boldsymbol{l}_m)\begin{pmatrix}\sqrt{\lambda_1}\boldsymbol{l}_1^{\mathrm{T}}\\ \vdots \\ \sqrt{\lambda_m}\boldsymbol{l}_m^{\mathrm{T}}\end{pmatrix} + \begin{pmatrix}\sigma^2 & & \\ & \ddots & \\ & & \sigma^2\end{pmatrix} = \boldsymbol{AA}^{\mathrm{T}} + \boldsymbol{D} \tag{9-17}$$

式中，$\boldsymbol{D}=\mathrm{diag}(\boldsymbol{BB}^{\mathrm{T}})$。

式(9-17)中的 $\boldsymbol{A}$ 和 $\boldsymbol{D}$ 就是因子模型的一个解。载荷矩阵 $\boldsymbol{A}$ 中的第 j 列和第 j 个主成分的系数相差一个倍数$\sqrt{\lambda_j}(j=1,2,\cdots,m)$，故常称为因子模型的主成分解。

公共因子个数 m 的确定方法一般有两种：

① 根据实际问题的意义或专业理论知识来确定；

② 用确定主成分个数的原则，即选使 $\sum_{i=1}^{m}\lambda_i / \sum_{i=1}^{p}\lambda_i$ 达到一定的要求(如 80%～90%)的

最小正整数。

当相关变量的量纲不同或所取单位的数量级相差较大时，我们常常先对变量标准化。标准化变量的样本协差矩阵就是原始变量的样本相关矩阵 $\boldsymbol{R}$。用 $\boldsymbol{R}$ 代替 $\boldsymbol{S}$，类似可得主成分解。

(2) 主因子法

主因子法是从 $\boldsymbol{R}$ 出发对主成分法的一种修正。

若假定变量已进行标准化变换，则有：$\boldsymbol{R}=\boldsymbol{A}\boldsymbol{A}^{\mathrm{T}}+\boldsymbol{D}$。令 $\boldsymbol{R}^*=\boldsymbol{A}\boldsymbol{A}^{\mathrm{T}}=\boldsymbol{R}-\boldsymbol{D}$，称 $\boldsymbol{R}^*$ 为约相关矩阵，$\boldsymbol{R}^*$ 对角线上的元素是 h_i^2。

$$\boldsymbol{R}^*=\boldsymbol{R}-\hat{\boldsymbol{D}}=\begin{bmatrix}\hat{h}_1^2 & r_{12} & \cdots & r_{1p}\\ r_{21} & \hat{h}_2^2 & \cdots & r_{2p}\\ \vdots & \vdots & & \vdots\\ r_{p1} & r_{p2} & \cdots & \hat{h}_p^2\end{bmatrix}$$

直接求 $\boldsymbol{R}^*$ 的前 p 个特征根和对应的正交特征向量，得如下矩阵：

$$\boldsymbol{A}=(\sqrt{\lambda_1^*}\boldsymbol{l}_1^*,\sqrt{\lambda_2^*}\boldsymbol{l}_2^*,\cdots,\sqrt{\lambda_p^*}\boldsymbol{l}_p^*)$$

其中，$\lambda_1^*\geqslant\cdots\geqslant\lambda_p^*\geqslant 0$ 为 $\boldsymbol{R}^*$ 的前 p 个特征根，$\boldsymbol{l}_1^*,\boldsymbol{l}_2^*,\cdots,\boldsymbol{l}_p^*$ 为对应的正交特征向量。

若特殊因子 ε_i 的方差不为 0 且已知的，则：

$$\boldsymbol{R}^*=\boldsymbol{R}-\begin{bmatrix}\sigma_1^2 & & & \\ & \sigma_2^2 & & \\ & & \ddots & \\ & & & \sigma_p^2\end{bmatrix}=\begin{bmatrix}\sqrt{\lambda_1^*}\boldsymbol{l}_1^* & \sqrt{\lambda_2^*}\boldsymbol{l}_2^* & \cdots & \sqrt{\lambda_p^*}\boldsymbol{l}_p^*\end{bmatrix}\begin{bmatrix}\sqrt{\lambda_1^*}\boldsymbol{l}_1^{\mathrm{T}*}\\ \sqrt{\lambda_2^*}\boldsymbol{l}_2^{\mathrm{T}*}\\ \vdots\\ \sqrt{\lambda_p^*}\boldsymbol{l}_p^{\mathrm{T}*}\end{bmatrix}$$

$$\boldsymbol{A}=[\sqrt{\lambda_1^*}\boldsymbol{l}_1^*,\sqrt{\lambda_2^*}\boldsymbol{l}_2^*,\cdots,\sqrt{\lambda_m^*}\boldsymbol{l}_m^*],\boldsymbol{D}=\begin{pmatrix}1-\hat{h}_1^2 & & 0\\ & \ddots & \\ 0 & & 1-\hat{h}_p^2\end{pmatrix}$$

但在实际的应用中，特殊方差矩阵一般都是未知的，可以对 h_i^2 的初始值估计，估计的方法有如下几种：

① 取 $h_i^2=1$，此时主因子解与主成分解等价；

② 取 $h_i^2=R_i^2$，R_i^2 为 X_i 与其他所有的原始变量 X_j 的复相关系数的平方；

③ 取 $\hat{h}_i^2=\max|r_{ij}|(j\neq i)$，即取 X_i 与其余 X_j 的简单相关系数的绝对值最大者；

④ 取 $h_i^2=\dfrac{1}{p-1}\sum\limits_{j=1,i\neq j}^{p}r_{ij}$，其中要求该值为正数；

⑤ 取 $h_i^2=1/r^{ii}$，其中 r^{ii} 是 $\boldsymbol{R}^{-1}$ 的对角元素。

(3) 极大似然法

假定公因子 $\boldsymbol{F}$ 和特殊因子 $\boldsymbol{\varepsilon}$ 服从正态分布，那么我们可得到因子载荷矩阵和特殊方差的极大似然估计。设 p 维观测向量 $\boldsymbol{X}_{(1)},\cdots,\boldsymbol{X}_{(n)}$ 为来自正态总体 $N_p(\boldsymbol{\mu},\boldsymbol{\Sigma})$ 的随机样本，则样本似然函数为 $\boldsymbol{\mu},\boldsymbol{\Sigma}$ 的函数 $L(\boldsymbol{\mu},\boldsymbol{\Sigma})$。

设 $\boldsymbol{\Sigma}=\boldsymbol{A}\boldsymbol{A}^{\mathrm{T}}+\boldsymbol{D}$，取 $\boldsymbol{\mu}=\bar{x}$，则似然函数 $L(\bar{x},\boldsymbol{A}\boldsymbol{A}^{\mathrm{T}}+\boldsymbol{D})$ 为 $\boldsymbol{A},\boldsymbol{D}$ 的函数：$\varphi(\boldsymbol{A},\boldsymbol{D})$，求 $\boldsymbol{A},\boldsymbol{D}$

使 φ 达到最大。为保证得到唯一解，可附加计算上方便的唯一性条件：$\boldsymbol{A}^{\mathrm{T}}\boldsymbol{D}\boldsymbol{A}=$对角阵，用迭代方法可求得 $\boldsymbol{A}$ 和 $\boldsymbol{D}$ 的极大似然估计。

9.2.2.4 方差最大的正交旋转

因子分析的目的不仅是求出公共因子，更主要的是知道每个公共因子的实际意义，以便对实际问题作出科学的分析。但以上介绍的估计方法所求出的公因子解，初始因子载荷矩阵并不满足“简单结构准则”，即各个公共因子的典型代表变量不很突出，因而容易使公共因子的意义含糊不清，不利于对因子进行解释。为此必须对因子载荷矩阵施行旋转变换，使得各因子载荷的平方按列向 0 和 1 两极转化，达到其结构简化的目的。这种变换因子载荷矩阵的方法称为因子旋转。通过因子旋转的方法，使每个变量仅在一个公共因子上有较大的载荷，而在其余的公共因子上的载荷比较小，至多达到中等大小。这时对于每个公共因子而言(即载荷矩阵的每一列)，它在部分变量上的载荷较大，在其他变量上的载荷较小，这时就突出了每个公共因子和其载荷较大的那些变量的联系，该公共因子的含义也就能通过这些载荷较大的变量做出合理的说明。

因子旋转方法有正交旋转和斜交旋转两类，这里重点介绍正交旋转。对公共因子作正交旋转就是对载荷矩阵 $\boldsymbol{A}$ 作一正交变换，右乘正交矩阵 $\boldsymbol{\Gamma}$，使得旋转后的因子载荷阵 $\boldsymbol{B}=\boldsymbol{A\Gamma}$ 有更鲜明的实际意义，即新的因子载荷矩阵 $\boldsymbol{B}$ 每列的方差达到最大。而且可以证明变换后的因子共同度没有发生变化，但因子贡献发生了变化，从而更利于在实际问题中对公共因子的意义做出解释。

9.2.2.5 应用实例

【例 9-6】 对全国 30 个省、市、自治区经济发展基本情况的 8 项指标作因子分析。考虑的 8 项指标为：X_1——GDP；X_2——居民消费水平；X_3——固定资产投资；X_4——职工平均工资；X_5——货物周转量；X_6——居民消费价格指数；X_7——商品零售价格指数；X_8——工业总产值。

数据如表 9-4 所示，试进行因子分析，并解释各公共因子的实际意义。

表 9-4 1996 年各省(自治区、直辖市)经济发展基本情况的 8 项指标

	X_1	X_2	X_3	X_4	X_5	X_6	X_7	X_8
甘肃	553.35	1 007	114.81	5 493	507.0	119.8	116.5	468.79
青海	165.31	1 445	47.76	5 753	61.6	118.0	116.3	105.80
北京	1 394.89	2 505	519.01	8 144	373.9	117.3	112.6	843.43
天津	920.11	2 720	345.46	6 501	342.8	115.2	110.6	582.51
河北	2 849.52	1 258	704.87	4 839	2 033.3	115.2	115.8	1 234.85
山西	1 092.48	1 250	290.90	4 721	717.3	116.9	115.6	697.25
内蒙古	832.88	1 387	250.23	4 134	781.7	117.5	116.8	419.39
辽宁	2 793.37	2 397	387.99	4 911	1 371.1	116.1	114.0	1 840.55
吉林	1 129.20	1 872	320.45	4 430	497.4	115.2	114.2	762.47
黑龙江	2 014.53	2 334	435.73	4 145	824.8	116.1	114.3	1 240.37
上海	2 462.57	5 343	996.48	9 279	207.4	118.7	113.0	1 642.95

表 9-4(续)

	X_1	X_2	X_3	X_4	X_5	X_6	X_7	X_8
江苏	5 155.25	1 926	1 434.95	5 943	1 025.5	115.8	114.3	2 026.64
浙江	3 524.79	2 249	1 006.39	6 619	754.4	116.6	113.5	916.59
安徽	2 003.58	1 254	474.00	4 609	908.3	114.8	112.7	824.14
福建	2 160.52	2 320	553.97	5 857	609.3	115.2	114.4	433.67
江西	1 205.11	1 182	282.84	4 211	411.7	116.9	115.9	571.84
山东	5 002.34	1 527	1 229.55	5 145	1 196.6	117.6	114.2	2 207.69
河南	3 002.74	1 034	670.35	4 344	1 574.4	116.5	114.9	1 367.92
湖北	2 391.42	1 527	571.68	4 685	849.0	120.0	116.6	1 220.72
湖南	2 195.70	1 408	422.61	4 797	1 011.8	119.0	115.5	843.83
广东	5 381.72	2 699	1 639.83	8 250	656.5	114.0	111.6	1 396.35
广西	1 606.15	1 314	382.59	5 105	556.0	118.4	116.4	554.97
海南	364.17	1 814	198.35	5 340	232.1	113.5	111.3	64.33
四川	3 534.00	1 261	822.54	4 645	902.3	118.5	117.0	1 431.81
贵州	630.07	942	150.84	4 475	301.4	121.4	117.2	324.72
云南	1 206.68	1 261	334.00	5 149	310.4	121.3	118.1	716.65
西藏	55.98	1 110	17.87	7 382	4.2	117.3	114.9	5.57
陕西	1 000.03	1 208	300.27	4 396	500.9	119.0	117.0	600.98
宁夏	169.75	1 355	61.98	5 079	121.8	117.1	115.3	114.40
新疆	834.57	1 469	376.95	5 348	339.0	119.7	116.7	428.76

解:程序如下。

```
> fa1=fa(corr,nfactors=2,rotate="varimax",fm="pa")
> fa1
Factor Analysis using method=pa
Call:fa(r=corr, nfactors=2,rotate="varimax",fm="pa")
Standardzed loadings (pattern matrix) based upon correlation matrix
      PA1    PA2    h2    u2   com
X1   0.95   0.25  0.97  0.03   1.1
X2   0.11   0.80  0.65  0.35   1.0
X3   0.80   0.45  0.84  0.16   1.6
X4  -0.06   0.81  0.66  0.34   1.0
X5   0.76  -0.25  0.64  0.36   1.2
X6  -0.21  -0.40  0.20  0.80   1.5
X7  -0.12  -0.77  0.61  0.39   1.0
X8   0.88   0.18  0.81  0.19   1.1
                   PA1   PA2
```

SS loadings	2.97	2.41
Proportinve Var	0.37	0.30
Cumulation Var	0.37	0.67
Proportinve Explained	0.55	0.45
Cumulation Explained	0.55	1.00

从方差最大正交旋转后的因子载荷矩阵 **A** 中可见，每个因子只有少数几个指标的因子载荷较大，因此可以由因子载荷矩阵 **A** 对指标进行分类。

8 项指标按高载荷可以分三类：

① 第一个因子在指标 X_1，X_3，X_8 上有较大的载荷，这些是从 GDP、固定资产投资、工业总产值这三个方面反映经济发展状况的，因此命名为总量因子；

② 第二个因子在指标 X_2，X_4，X_5 上有较大的载荷，这些是从居民消费水平，职工平均工资和货物周转量这三个方面反映经济发展状况的，因此命名为消费因子；

③ 第三个因子在指标 X_6 和 X_7 上有较大的载荷，这些是从居民消费价格指数和商品零售价格指数这两个方面反映经济发展状况的，因此命名为价格因子。

10 聚类分析

在实际问题中常常遇到分类问题，需要将未知类别的个体正确归属于某一类。在多元统计分析中，当所研究问题的类别事先未知时，可用聚类分析进行分类。聚类分析又称群分析，它是研究对样品或指标进行分类的一种多元统计方法。本章主要介绍两种常用的聚类分析方法——谱系聚类法和快速聚类法。

10.1 聚类分析的基本思想及意义

10.1.1 引言

多元数据矩阵如表 10-1 所示，有 n 个样品，p 个指标 $X_1, X_2, \cdots, X_p$。聚类分析分两种类型：对样品聚类（Q 型聚类）或对变量（指标）聚类（R 型聚类）。

表 10-1 数据矩阵

样品	指标					
	x_1	x_2	…	x_j	…	x_p
1	x_{11}	x_{12}	…	x_{1j}	…	x_{1p}
2	x_{21}	x_{22}	…	x_{2j}	…	x_{2p}
…	…	…	…	…	…	…
i	x_{i1}	x_{i2}	…	x_{ij}	…	x_{ip}
…	…	…	…	…	…	…
n	x_{k1}	x_{k2}	…	x_{kj}	…	x_{kp}

数据的类型有间隔尺度、有序尺度和名义尺度，这里主要讨论间隔尺度。

聚类分析的基本思想是在样品之间定义距离，在变量之间定义相似系数，距离或相似系数代表样品或变量之间的相似程度。按相似程度的大小，将样品（或变量）逐一归类，关系密切的类聚集到一个小的分类单位，然后逐步扩大，使得关系疏远的聚合到一个大的分类单位，直到所有的样品（或变量）都聚集完毕，形成一个表示亲疏关系的谱系图，依次按照某些要求对样品（或变量）进行分类。

聚类分析的方法很多[谱系（系统）聚类法、快速（动态）聚类法、分解法、加入法、模糊聚类法等]，我们重点介绍谱系（系统）聚类法和快速（动态）聚类法。作为聚类分析的出发点，先介绍分类统计量——距离与相似系数。

10.1.2 距离与相似系数

10.1.2.1 样品间的相似性度量——距离

每个样品可看成 p 元空间的 1 个点，n 个样品组成 p 元空间的 n 个点。我们自然用各点之间的距离来衡量样品之间的相似程度(或靠近程度)。

距离的一般定义形式如下。

【定义 10-1】 称 d_{ij} 是样品 i 与样品 j 之间的距离，如果满足下列条件：

① $d_{ij} \geqslant 0$，$d_{ij}=0$ 当且仅当 $i=j$；

② $d_{ij}=d_{ji}$；

③ $d_{ij} \leqslant d_{ik}+d_{kj}$。

下面是几种聚类分析中的常用距离。

(1) 欧氏距离

$$d_{ij}=\left[\sum_{k=1}^{p}(x_{ik}-x_{jk})^2\right]^{\frac{1}{2}}$$

记 $\boldsymbol{D}=(d_{ij})_{n\times n}$ 为距离矩阵，即：

$$\boldsymbol{D}=\begin{bmatrix} 0 & d_{12} & \cdots & d_{1n} \\ d_{21} & 0 & \cdots & d_{2n} \\ \vdots & \vdots & & \vdots \\ d_{n1} & d_{n2} & \cdots & 0 \end{bmatrix}$$

$\boldsymbol{D}$ 为对称矩阵，其元素为每两个样品间的距离。

(2) 绝对距离

$$d_{ij}=\sum_{k=1}^{p}|x_{ik}-x_{jk}|$$

(3) Minkowski 距离

$$d_{ij}=\left[\sum_{k=1}^{p}|x_{ik}-x_{jk}|^m\right]^{\frac{1}{m}}$$

其中，$m \geqslant 1$。当 $m=2,1$ 时分别是欧氏距离和绝对距离。

(4) 切比雪夫距离

$$d_{ij}=\max_{1\leqslant k\leqslant p}|x_{ik}-x_{jk}|$$

以上距离与各变量指标的量纲有关，为消除量纲的影响，有时应先对数据进行标准化，然后用标准化数据计算距离。对标准化数据计算欧氏距离时，即是方差加权距离。另外还有马氏距离等。

样品之间聚类主要用各种距离。样品聚类通常称为 Q 型聚类。在统计软件中常采用欧氏距离聚类或先将数据标准化，再计算欧氏距离进行聚类。

10.1.2.2 变量间的相似性度量——相似系数

当对 p 个指标变量进行聚类时，用相似系数来衡量变量之间相似程度(或关联性程度)。一般地，若 $C_{\alpha\beta}$ 表示变量 x_α，x_β 之间的相似系数，应满足：

① $|C_{\alpha\beta}| \leqslant 1$，且 $C_{\alpha\alpha}=1$；

② $C_{\alpha\beta}=\pm 1$ 当且仅当 $x_\alpha=cx_\beta(c\neq 0)$；

③ $C_{\alpha\beta}=C_{\beta\alpha}$。

$C_{\alpha\beta}$的绝对值越大，变量 x_α，x_β 之间的关联性越大。

相似系数中最常用的是相关系数与夹角余弦。

(1) 相关系数

由样品算得协方差矩阵 $\boldsymbol{S}$ 与相关矩阵 $\boldsymbol{R}$，设 $\boldsymbol{S}=(s_{ij})_{p\times p}$，$\boldsymbol{R}=(r_{ij})_{p\times p}$，则变量 x_α，x_β 的相关系数为：

$$r_{\alpha\beta}=\frac{s_{\alpha\beta}}{\sqrt{s_{\alpha\alpha}s_{\beta\beta}}}=\frac{\sum_{i=1}^{n}(x_{i\alpha}-\overline{x}_\alpha)(x_{i\beta}-\overline{x}_\beta)}{\sqrt{\sum_{i=1}^{n}(x_{i\alpha}-\overline{x}_\alpha)^2\sum_{i=1}^{n}(x_{i\beta}-\overline{x}_\beta)^2}}$$

(2) 夹角余弦

变量 x_α，x_β 的夹角余弦为 $c_{\alpha\beta}=\dfrac{\sum_{i=1}^{n}x_{i\alpha}x_{i\beta}}{\sqrt{\sum_{i=1}^{n}x_{i\alpha}^2\sum_{i=1}^{n}x_{i\beta}^2}}$。

变量聚类通常称为 R 型聚类。R 型聚类以相似系数矩阵作为出发点。设相似系数矩阵为：

$$\boldsymbol{c}=\begin{bmatrix}1 & c_{12} & \cdots & c_{1p}\\ c_{21} & 1 & \cdots & c_{2p}\\ \vdots & \vdots & & \vdots\\ c_{p1} & c_{p2} & \cdots & 1\end{bmatrix}$$

相似系数矩阵可以是相关矩阵或夹角余弦矩阵。

距离和相似系数之间可以相互转化。设 d_{ij} 是一个距离，则 $c_{ij}=\dfrac{1}{1+d_{ij}}$ 是相似系数。若 c_{ij} 是相似系数，则可令距离 $d_{ij}=1-c_{ij}^2$，$d_{ij}=1-c_{ij}$ 或 $d_{ij}=1-|c_{ij}|$，这样的距离不一定符合距离定义 10-1，但可实现聚类。

10.2 谱系聚类法

谱系聚类法(也称为系统聚类法)是目前应用较为广泛的一种聚类方法。谱系聚类法首先视各样品(或变量)自成一类，然后把最相似(距离最小或相似系数最大)的样品(或变量)聚为小类，再将已聚合的小类按其相似性(用类间距离度量)再聚合，随着相似性的减弱，最后将一切子类都聚合成一个大类，从而得到一个按相似性大小聚结起来的一个谱系图。这里重点讨论样品的聚类，即 Q 型聚类。

10.2.1 类间距离及递推公式

10.2.1.1 类间距离

记 d_{ij} 为样品 i，j 之间的距离，G_p，G_q 分别表示两个类，设它们分别含有 n_p，n_q 个样品。若类 G_p 中有样品 $X_1, X_2, \cdots, X_{n_p}$，则其均值称为类 G_p 的重心：

$$\overline{X}_p = \frac{1}{n_p}\sum_{i=1}^{n_p} X_i$$

由于类的形式与形状多种多样，所以类与类之间的距离有多种定义与计算方法。若将类 G_p 与 G_q 之间的距离记为 D_{pq}，常用的定义方式有如下几种。

(1) 最短距离法

$$D_{pq} = \min_{i \in G_p, j \in G_q} d_{ij}$$

即两类中样品之间的距离最短者作为两类间的距离。

(2) 最长距离法

$$D_{pq} = \max_{i \in G_p, j \in G_q} d_{ij}$$

即两类中样品之间的距离最长者作为两类间的距离。

(3) 类平均距离法

$$D_{pq} = \frac{1}{n_p n_q}\sum_{i \in G_p}\sum_{j \in G_q} d_{ij}, D_{pq}^2 = \frac{1}{n_p n_q}\sum_{i \in G_p}\sum_{j \in G_q} d_{ij}^2$$

即两类中所有样品两两之间距离(平方)的平均作为两类间的距离。

(4) 重心法

$$D_{pq} = d(\overline{X}_p, \overline{X}_q)$$

即两类的重心之间的距离作为两类间的距离。

(5) 最小方差法(离差平方和法)

$$D_{pq}^2 = \frac{n_p n_q}{n_p + n_q}(\overline{X}_p - \overline{X}_q)^{\mathrm{T}}(\overline{X}_p - \overline{X}_q)$$

这种类间距离与重心法只差一个常数倍，它是由统计学家沃德提出的，又称沃德法。

10.2.1.2 类间距离的递推公式

设类 G_r 由类 G_p，G_q 合并所得，则 G_r 包含 $n_r = n_p + n_q$ 个样品。而计算 G_r 其他类 G_k 之间的距离时可由类 G_p，G_q 递推得到，以上几种类间距离的递推公式如下：

(1) 最短距离法

$$D_{rk} = \min\{D_{pk}, D_{qk}\}$$

(2) 最长距离法

$$D_{rk} = \max\{D_{pk}, D_{qk}\}$$

(3) 类平均距离法

$$D_{rk} = \frac{n_p}{n_r}D_{pk} + \frac{n_q}{n_r}D_{qk} \text{或} D_{pq}^2 = \frac{n_p}{n_r}D_{pk}^2 + \frac{n_q}{n_r}D_{qk}^2$$

(4) 重心法

$$D_{rk}^2=\frac{n_p}{n_r}D_{pk}^2+\frac{n_q}{n_r}D_{qk}^2-\frac{n_p n_q}{n_r n_r}D_{pq}^2$$

(5) 最小方差法(离差平方和法)

$$D_{rk}^2=\frac{n_p+n_k}{n_r+n_k}D_{pk}^2+\frac{n_q+n_k}{n_r+n_k}D_{qk}^2-\frac{n_k}{n_r+n_k}D_{pq}^2$$

当样品间采用欧氏距离时,上述类间距离的递推公式有如下的统一形式:

$$D_{rk}^2=\alpha_p D_{pk}^2+\alpha_q D_{qk}^2+\beta D_{pq}^2+\gamma\mid D_{pk}^2-D_{qk}^2\mid$$

其中各参数的值见表 10-2。这种统一的形式,为编程提供了极大的方便。

表 10-2　递推公式中各种类间距离的参数值

方法	α_p	α_q	β	γ
最短距离法	1/2	1/2	0	−1/2
最长距离法	1/2	1/2	0	1/2
类平均法	n_p/n_r	n_p/n_r	0	0
重心法	n_q/n_r	n_q/n_r	$\alpha_p\alpha_q$	0
离差平方和法	$(n_k+n_p)/(n_k+n_r)$	$(n_k+n_p)/(n_k+n_r)$	$-n_k/(n_k+n_r)$	0

10.2.2　谱系聚类法的步骤与实现

10.2.2.1　谱系聚类法的步骤

下面以 Q 型聚类为例说明谱系聚类法的步骤。

① n 个样品开始时作为 n 类,计算两两间的距离,构成对称的距离矩阵:

$$\boldsymbol{D}_{(0)}=\begin{bmatrix}0 & d_{12} & \cdots & d_{1n}\\ d_{21} & 0 & \cdots & d_{2n}\\ \vdots & \vdots & & \vdots\\ d_{n1} & d_{n2} & \cdots & 0\end{bmatrix}$$

② 选择 $D_{(0)}$ 中的非对角线上的最小元素,设最小元素是 D_{pq}。将 G_p,G_q 合并成一个新类 $G_r=\{G_p,G_q\}$,并计算其他类 G_k 与 G_r 之间的距离,得到一个新的 $n-1$ 阶距离矩阵 $\boldsymbol{D}_{(1)}$。

③ 从 $\boldsymbol{D}_{(1)}$ 出发重复步骤②的做法得 $\boldsymbol{D}_{(2)}$。再由 $\boldsymbol{D}_{(2)}$ 出发重复上述步骤,直到 n 个样品聚为 1 个大类为止。

④ 在合并过程中要记下合并样品的编号及两类合并时的距离,并绘制聚类谱系图,根据此图进行分类。

10.2.2.2　谱系聚类法的应用实例

【例 10-1】 研究辽宁、浙江、河南、甘肃、青海 5 省份城镇居民生活消费规律,需要利用调查资料对这 5 个省份分类。指标变量共 8 个,含义如下:x_1 为人均粮食支出,x_2 为人均副食支出,x_3 为人均烟酒茶支出,x_4 为人均其他副食支出,x_5 为人均衣着商品支出,x_6 为人均日用品支出,x_7 为人均燃料支出,x_8 为人均非商品支出。

数据如表 10-3 所示,将每个省份的数据看成一个样品,计算样品之间的欧氏距离矩阵,并采用最短距离法进行谱系聚类。

表 10-3 5省城镇居民月均消费 单位:元/人

省份	指标							
	x_1	x_2	x_3	x_4	x_5	x_6	x_7	x_8
辽宁	7.90	39.77	8.49	12.94	19.27	11.50	2.04	13.29
浙江	7.68	50.37	11.35	13.30	19.25	14.59	2.75	14.87
河南	9.42	27.93	8.20	8.14	16.17	9.42	1.55	9.76
甘肃	9.16	27.98	9.01	9.32	15.99	9.10	1.82	11.35
青海	10.06	28.64	10.52	10.05	16.18	8.39	1.96	10.84

解:以1,2,3,4,5分别表示辽宁、浙江、河南、甘肃、青海5个省份(样品),计算每两个样品之间的欧氏距离。如:

$$d_{12}=d_{21}=[(7.90-7.68)^2+(39.77-50.37)^2+\cdots+(13.29-14.87)^2]^{\frac{1}{2}}\approx 11.67$$

$$d_{23}=d_{32}=[(7.68-9.42)^2+(50.37-27.93)^2+\cdots+(14.87-9.76)^2]^{\frac{1}{2}}\approx 24.63$$

$$\cdots$$

从而得到距离矩阵如下(由对称性,仅列下三角部分):

$$\boldsymbol{D}=\begin{bmatrix}0 & & & & \\ 11.67 & 0 & & & \\ 13.80 & 24.63 & 0 & & \\ 13.12 & 24.06 & 2.20 & 0 & \\ 12.80 & 23.64 & 3.51 & 2.21 & 0\end{bmatrix}$$

$\boldsymbol{D}$中各元素数值的大小,反映了5省份消费水平的接近程度。如甘肃与河南的欧氏距离达到最小值2.20,反映了这两个省份城镇居民消费水平最接近。

下面采用最短距离法进行谱系聚类。

将5个省各看成一类,即$G_i=\{i\}$,$i=1,2,3,4,5$。有$D_{ij}=d_{ij}$,则有$\boldsymbol{D}_{(0)}=\boldsymbol{D}$。从$\boldsymbol{D}_{(0)}$看出,$d_{43}=2.20$最小,故将$G_3$,$G_4$合并成一个新类$G_6=\{3,4\}$。

计算G_6与G_1,G_2,G_5之间的距离得:

$$D_{61}=\min\{d_{31},d_{41}\}=\min\{13.80,13.12\}=13.12$$

$$D_{62}=\min\{d_{32},d_{42}\}=\min\{24.63,24.06\}=24.06$$

$$D_{65}=\min\{d_{35},d_{45}\}=\min\{3.51,2.21\}=2.21$$

从而得:

$$\boldsymbol{D}_{(1)}=\begin{bmatrix}0 & & & \\ 13.12 & 0 & & \\ 24.06 & 11.67 & 0 & \\ 2.21 & 12.80 & 23.54 & 0\end{bmatrix}$$

从$\boldsymbol{D}_{(1)}$看出,G_6到G_5的距离2.21为最小,故将G_6,G_5合并成一个新类$G_7=\{G_6,G_5\}$。

计算G_7与G_1,G_2之间的距离得:

$$D_{71}=\min\{d_{61},d_{51}\}=\min\{13.12,12.80\}=12.80$$

$$D_{72}=\min\{d_{62},d_{52}\}=\min\{24.06,23.54\}=23.54$$

从而得

$$D_{(2)} = \begin{bmatrix} 0 & & \\ 12.80 & 0 & \\ 23.54 & 11.67 & 0 \end{bmatrix}$$

从$D_{(2)}$看出，G_1 到 G_2 的距离 11.67 为最小，故将 G_1，G_2 合并成一个新类 $G_8=\{G_1,G_2\}=\{1,2\}$。

计算 G_8与 G_7之间的距离得：

$$D_{87} = \min\{d_{17}, d_{27}\} = \min\{12.80, 23.54\} = 12.80$$

从而得：

$$D_{(3)} = \begin{bmatrix} 0 & \\ 12.80 & 0 \end{bmatrix}$$

最后将 G_7，G_8 合并成一类 $G_9=\{G_7,G_8\}=\{1,2,3,4,5\}$。

按照上述聚类过程，画聚类图如图 10-1 所示。

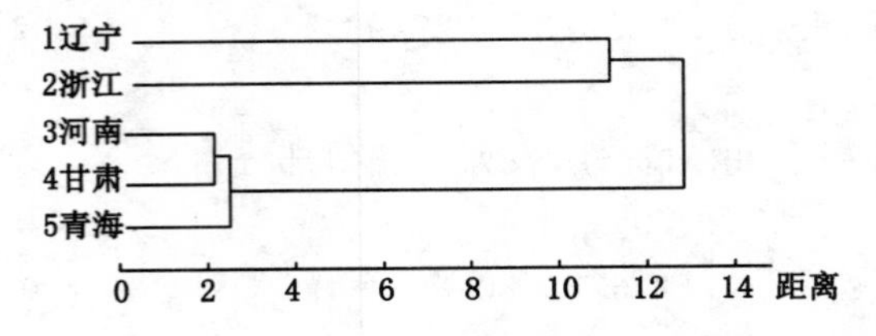

图 10-1　最短距离法的谱系聚类图

谱系(系统)聚类可用 R 软件来实现，上例的 R 程序如下：

```
> shuju=read.table("julei.csv",header=T,sep=",")
> d=dist(scale(shuju[,-1]))
> hc=hclust(d,"single")
plot(hc,hang=-1)
```

10.3　快速聚类法

谱系聚类法(系统聚类法)的缺点是计算量大。所以产生了快速聚类法，也称动态聚类法。这是目前应用较为广泛的一种聚类方法。

10.3.1　快速聚类法的原理

快速聚类法的做法是先将样品粗略地分一下类，然后按照某种原则进行调整，直至分类比较合理为止。快速聚类法流程如图 10-2 所示。

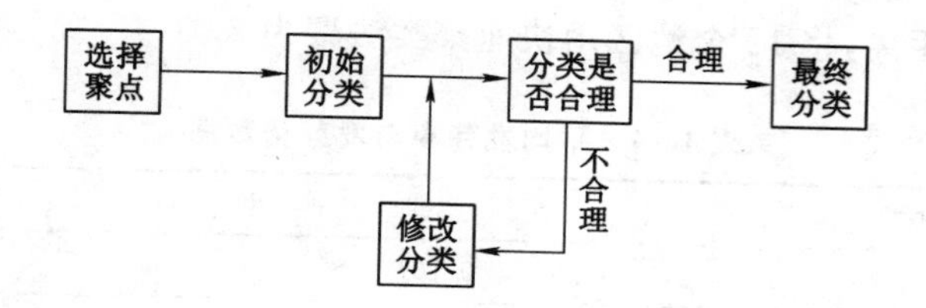

图 10-2 快速聚类法流程图

10.3.2 快速聚类法的步骤与实现

10.3.2.1 快速聚类法的步骤

(1) 选择初始聚点

聚点是一批有代表性的样品。聚类前先将全部样品粗略分为 k 类，每类中选一个有代表性样品作为聚点(初始聚点)。聚点选择的方法有：

① 经验选择；

② 将 n 个样品随机分为 k 类，每类的重心作为聚点；

③ 最小最大原则。

设 n 个样品分为 k 类，先选择所有样品中相距最远的两个样品 X_{i_1}, X_{i_2} 为聚点，即：

$$d(X_{i_1}, X_{i_2}) = d_{i_1 i_2} = \max\{d_{ij}\}$$

然后选第 3 个聚点 X_{i_3}，是与前两个聚点距离较小者中最大的，即：

$$\max\{\min[d(X_j, X_{i_r}), r = 1,2], j \neq i_1, i_2\}$$

同理选第 4 个聚点 X_{i_4}，直至选定 k 个聚点。

(2) 迭代计算

设样品间的距离采用欧氏距离，快速聚类法的迭代计算过程如下：

① 设 k 个初始聚点的集合是 $L^{(0)} = \{X_1^{(0)}, X_2^{(0)}, \cdots, X_k^{(0)}\}$，利用下列原则进行初始分类。记：

$$G_i^{(0)} = \{X: d(X, X_i^{(0)}) \leqslant d(X, X_j^{(0)}), j = 1, \cdots, k, j \neq i\} \quad i = 1,2,\cdots,k$$

得到一个初始分类 $G^{(0)} = \{G_1^{(0)}, G_2^{(0)}, \cdots, G_k^{(0)}\}$。

② 从 $G^{(0)}$ 出发，以其重心 $L^{(1)}$ 为新的聚点，$L^{(1)} = \{X_1^{(1)}, X_2^{(1)}, \cdots, X_k^{(1)}\}$，从 $L^{(1)}$ 出发，将样品作新的分类。记：

$$G_i^{(1)} = \{X: d(X, X_i^{(1)}) \leqslant d(X, X_j^{(1)}) \quad j = 1, \cdots, k, j \neq i, i = 1,2,\cdots,k$$

得到分类 $G^{(1)} = \{G_1^{(1)}, G_2^{(1)}, \cdots, G_k^{(1)}\}$。

这样，依次重复计算下去。

③ 设在第 m 步得到分类 $G^{(m)} = \{G_1^{(m)}, G_2^{(m)}, \cdots, G_k^{(m)}\}$，当 m 逐渐增大时，分类趋于稳定，即：

$$X_i^{(m+1)} \approx X_i^{(m)}, G_i^{(m+1)} \approx G_i^{(m)}$$

这样递推计算结束，可以证明是收敛的。

10.3.2.2 快速聚类法的应用实例

【例 10-2】 从 12 个不同地区测得了某树种的平均发芽率 x_1 与发芽势 x_2，数据见表

10-4,距离采用欧氏距离,将12个地区用快速聚类法聚为2类。

表 10-4 平均发芽率与发芽势数据

地区	x_1	x_2
1	0.707	0.385
2	0.600	0.433
3	0.693	0.505
4	0.717	0.343
5	0.688	0.605
6	0.533	0.380
7	0.877	0.713
8	0.513	0.353
9	0.815	0.675
10	0.633	0.465
11	0.740	0.580
12	0.777	0.723

解:R程序如下:

```
>x1=c(0.707,0.600,0.693,0.717,0.688,0.533,0.877,0.513,0.815,0.633,0.740,
0.777)
>x2=c(0.385,0.433,0.505,0.343,0.605,0.380,0.713,0.353,0.675,0.465,0.580,
0.723)
>D=cbind(x1,x2)
>d=diat(D,method="euclidean"
>library(cluster)
>fit,pam=pam(d,k=2,stand=TRUE)
>clusplot(fit,pam)
>fit,pam
Medoids:
     ID
[1,]  2  2
[2,]  9  9
clustering vector:
[1]  1 1 1 1 2 1 2 1 2 1 2 2
```

12个地区分为2类,第一类包含7个地区;第二类包含5个地区。聚类样品的二维图如图10-3所示。

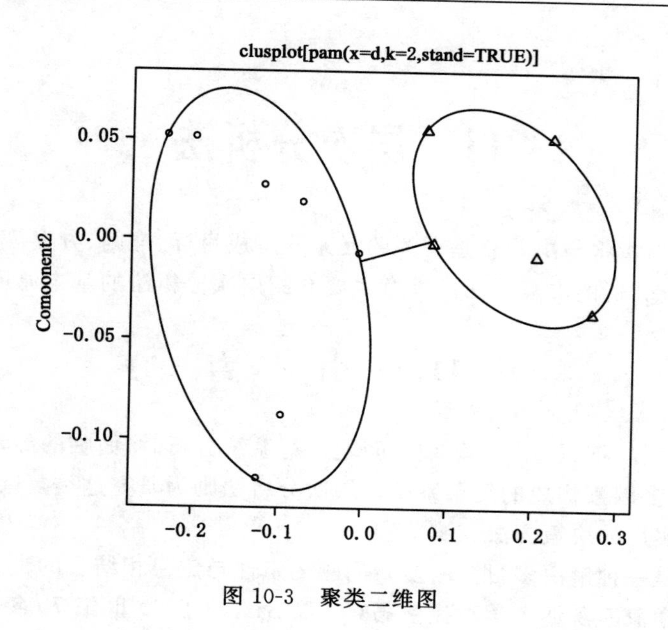
clusplot[pam(x=d,k=2,stand=TRUE)]
0.05
0.00
-0.05
-0.10
Comoonent2
-0.2
-0.1
0.0
0.1
0.2
0.3

图 10-3　聚类二维图

11 层次分析法

层次分析法，是指将与决策总是有关的元素分解成目标、准则、方案等层次，在此基础之上进行定性和定量分析的决策方法。本章主要介绍层次分析法的基本原理和简单应用。

11.1 引 言

人们在对社会、经济以及管理领域的问题进行系统分析时，面临的经常是一个由相互关联、相互制约的众多因素构成的复杂系统。层次分析法则为研究这类复杂的系统，提供了一种新的、简洁的、实用的决策方法。

层次分析法是一种解决多目标的复杂问题的定性与定量相结合的决策分析方法。这种方法是美国运筹学家匹茨堡大学教授萨蒂(T. L. Saaty)于20世纪70年代初，为美国国防部研究"根据各个工业部门对国家福利的贡献大小而进行电力分配"课题时，应用网络系统理论和多目标综合评价方法，提出的一种层次权重决策分析方法。该方法将定量分析与定性分析结合起来，用决策者的经验判断各衡量目标能否实现的标准之间的相对重要程度，并合理地给出每个决策方案的每个标准的权数，利用权数求出各方案的优劣次序，比较有效地应用于那些难以用定量方法解决的课题。

层次分析法根据问题的性质和要达到的总目标，将问题分解为不同的组成因素，并按照因素间的相互关联影响以及隶属关系将因素按不同层次聚集组合，形成一个多层次的分析结构模型，从而最终使问题归结为最低层(供决策的方案、措施等)相对于最高层(总目标)的相对重要权值的确定或相对优劣次序的排定。

11.2 层次分析法的基本步骤

运用层次分析法构造系统模型时，大体可以分为以下四个步骤：

① 建立层次结构模型；

② 构造判断(成对比较)矩阵；

③ 层次单排序及其一致性检验；

④ 层次总排序及其一致性检验。

现具体介绍如下。

11.2.1 建立层次结构模型

将决策的目标、考虑的因素(决策准则)和决策对象按它们之间的相互关系分为最高层、中间层和最低层，绘出层次结构图。

① 最高层：决策的目的、要解决的问题。

② 最低层：决策时的备选方案。

③ 中间层:考虑的因素、决策的准则。

对于相邻的两层,称高层为目标层,低层为因素层。

【例 11-1】 某人打算选择一处景点旅游,有桂林、黄山和北戴河 3 个待选择目标,若按照景色、费用、居住条件、饮食、旅途 5 个因素选择,试绘出层次结构图。

解:层次结构图如图 11-1 所示。

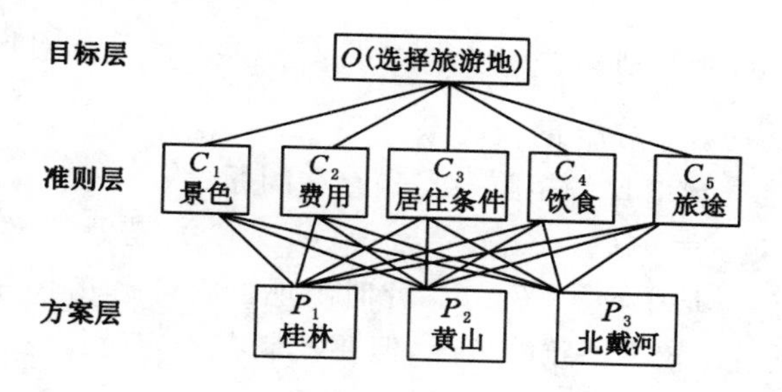

图 11-1　旅游目的地选择的层次结构图

11.2.2　构造判断(成对比较)矩阵

在确定各层次各因素之间的权重时,如果只是定性的结果,则常常不容易被别人接受,因而 T. L. Saaty 等人提出一致矩阵法,即:

① 不把所有因素放在一起比较,而是两两相互比较;

② 对此时采用相对尺度,以尽可能减少性质不同的诸因素相互比较的困难,以提高准确度。

11.2.2.1　判断矩阵

判断矩阵是表示本层所有因素针对上一层某一个因素的相对重要性的比较。判断矩阵的元素 a_{ij} 用 T. L. Saaty 提出的 1～9 标度方法给出,具体标注标准见表 11-1。心理学家认为成对比较的因素不宜超过 9 个,即每层不要超过 9 个因素。

表 11-1　判断矩阵元素的标度方法

标度	含义
1	表示两个因素相比,具有同样重要性
3	表示两个因素相比,一个因素比另一个因素稍微重要
5	表示两个因素相比,一个因素比另一个因素明显重要
7	表示两个因素相比,一个因素比另一个因素强烈重要
9	表示两个因素相比,一个因素比另一个因素极端重要
2,4,6,8	上述两相邻判断的中值
倒数	因素 i 与 j 比较判断 a_{ij},则因素 j 与 i 比较判断 $a_{ji}=1/a_{ij}$

如在例 11-1 中,可根据不同准则的重要性构造准则层对目标层的判断矩阵 $\boldsymbol{A}$,

$$\boldsymbol{A}=\begin{bmatrix}1 & 1/2 & 4 & 3 & 3\\ 2 & 1 & 7 & 5 & 5\\ 1/4 & 1/7 & 1 & 1/2 & 1/3\\ 1/3 & 1/5 & 2 & 1 & 1\\ 1/3 & 1/5 & 3 & 1 & 1\end{bmatrix} \tag{11-1}$$

若记 $\boldsymbol{A}=(a_{ij})_{n\times n}, a_{ij}>0$，则 $a_{ji}=\dfrac{1}{a_{ij}}(i,j=1,2,\cdots,n)$，**A** 为成对比较矩阵，它是一个正互反阵。由 **A** 确定 $C_1,\cdots,C_n$ 对 O 的权向量。

稍加分析就发现上述成对比较矩阵(11-1)存在问题。

由 **A** 中元素可见，$a_{21}=2(C_2:C_1)$，$a_{13}=4(C_1:C_3)$，若是一致比较，则应有 $a_{23}=8(C_2:C_3)$。但在矩阵(11-1)中，$a_{23}=7\neq 8$。此时出现了成对比较不一致的情况。在进行层次分析时，允许出现成对比较不一致的情况，但要控制在一定范围内。但允许范围是多大？如何界定？此时需要对判断矩阵 **A** 进行一致性检验。

11.2.2.2　一致性检验

对应于判断矩阵最大特征根 $\lambda_{\max}$ 的特征向量，经归一化(使向量中各元素之和等于1)后记为 **W**。**W** 的元素为同一层次因素对于上一层次因素某因素相对重要性的排序权值，这一过程称为层次单排序。

能否确认层次单排序，需要进行一致性检验，所谓一致性检验是指对 **A** 确定不一致的允许范围。

满足 $a_{ij}\cdot a_{jk}=a_{ik}, i,j,k=1,2,\cdots,n$ 的正互反阵 **A** 称为一致阵。

一般的正互反阵和一致阵具有如下性质：

【性质1】 n 阶一致阵的秩为1，唯一非零特征根为 n；

【性质2】 n 阶正互反阵 **A** 的最大特征根 $\lambda\geqslant n$，当且仅当 $\lambda=n$ 时 **A** 为一致。

由于 λ 连续地依赖于 a_{ij}，则 λ 比 n 大得越多，**A** 的不一致性越严重。对于不一致(但在允许范围内)的成对比较阵 **A**，T. L. Saaty 等人建议用对应于最大特征根 λ 的特征向量作为权向量 $\boldsymbol{w}$。用最大特征值对应的特征向量作为被比较因素对上层某因素影响程度的权向量，其不一致程度越大，引起的判断误差越大。因而可以用 $\lambda-n$ 数值的大小来衡量 **A** 的不一致程度。因此可如下定义一致性指标：

$$CI=\frac{\lambda-n}{n-1}$$

若 $CI=0$，有完全的一致性；CI 接近于0，有较满意的一致性；CI 越大，不一致性越严重。

为衡量 CI 的大小，引入随机一致性指标 RI。随机模拟得到 a_{ij}，形成 **A**，计算 CI，随机模拟 m 次的结果即得 RI：

$$RI=\frac{CI_1+CI_2+\cdots+CI_m}{m}=\frac{\dfrac{\lambda_1+\lambda_2+\cdots+\lambda_m}{m}-n}{n-1}$$

结果见表11-2。

表 11-2 随机一致性指标 *RI*

n	1	2	3	4	5	6	7	8	9	10	11
RI	0	0	0.58	0.90	1.12	1.24	1.32	1.41	1.45	1.49	1.51

定义一致性比率：

$$CR = \frac{CI}{RI}$$

当 $CR<0.1$ 时，通过一致性检验，认为 $\boldsymbol{A}$ 的不一致程度在容许范围之内，有满意的一致性，通过一致性检验，可用其归一化特征向量作为权向量。否则要对 a_{ij} 加以调整，重新构造成对比较矩阵 $\boldsymbol{A}$。

11.2.3 基本步骤

层次分析法的基本步骤归纳如下：

(1) 建立层次结构模型

由实际问题绘出层次结构图，该结构图包括目标层、准则层、方案层。

(2) 构造成对比较矩阵

从第二层开始用 1～9 尺度逐层构造成对比较矩阵。

(3) 计算单排序权向量并做一致性检验

对每个成对比较矩阵计算最大特征值及其对应的特征向量，利用一致性指标、随机一致性指标和一致性比率做一致性检验。若检验通过，特征向量（归一化后）即为权向量；若不通过，需要重新构造成对比较矩阵。

(4) 计算总排序权向量并做一致性检验

计算最下层对最上层总排序的权向量。

利用总排序一致性比率 CR 进行检验：

$$CR = \frac{a_1 CI_1 + a_2 CI_2 + \cdots + a_m CI_m}{a_1 RI_1 + a_2 RI_2 + \cdots + a_m RI_m}$$

$CR<0.1$ 时通过检验。若通过，则可按照总排序权向量表示的结果进行决策，否则需要重新考虑模型或重新构造那些一致性比率 CR 较大的成对比较矩阵。

11.3 层次分析法的应用与实例

层次分析法可用来处理日常工作、生活中的决策问题，下面来利用层次分析法解决一个实际问题。

【例 11-2(例 11-1 续)】 某人打算选择一处景点旅游，有桂林、黄山和北戴河 3 个待选择目标，若按照景色、费用、居住条件、饮食、旅途 5 个因素选择，试利用层次分析法做出决策。

解：① 绘出层次结构图如图 11-1 所示。

② 构造准则层对目标层的判断矩阵 $\boldsymbol{A}$ 并作一致性检验：

$$A=\begin{bmatrix}1 & 1/2 & 4 & 3 & 3\\2 & 1 & 7 & 5 & 5\\1/4 & 1/7 & 1 & 1/2 & 1/3\\1/3 & 1/5 & 2 & 1 & 1\\1/3 & 1/5 & 3 & 1 & 1\end{bmatrix}$$

计算得 $\boldsymbol{A}$ 的最大特征根 $\lambda=5.073$，权向量（特征向量）$w^{(2)}=(0.263,0.475,0.055,0.090,0.110)^{T}$。计算得一致性指标 $CI=\dfrac{5.073-5}{5-1}\approx0.018$。查表11-2得随机一致性指标 $RI=1.12$ 。从而一致性比率 $CR=0.018/1.12\approx0.016<0.1$，矩阵 $\boldsymbol{A}$ 通过一致性检验。

③ 同样求第3层（方案）对第2层每一元素（准则）的权向量。

如构造方案层对 C_1（景色）的成对比较阵为 $\boldsymbol{B}_1=\begin{bmatrix}1 & 2 & 5\\1/2 & 1 & 2\\1/5 & 1/2 & 1\end{bmatrix}$，方案层对 C_2（费用）的成对比较阵 $\boldsymbol{B}_2=\begin{bmatrix}1 & 1/3 & 1/8\\3 & 1 & 1/3\\8 & 3 & 1\end{bmatrix}$ 等。

分别计算 $\boldsymbol{B}_1,\boldsymbol{B}_2,\cdots,\boldsymbol{B}_5$ 的最大特征值，分别相应的特征向量为 $\boldsymbol{w}_1^{(3)},\boldsymbol{w}_2^{(3)},\cdots,\boldsymbol{w}_5^{(3)}$，具体计算结果如表11-3所示。

表11-3　第3层对第2层的计算结果

k	1	2	3	4	5
$W_k^{(3)}$	0.595	0.082	0.429	0.633	0.166
	0.277	0.236	0.429	0.193	0.166
	0.129	0.682	0.142	0.175	0.668
λ_k	3.005	3.002	3	3.009	3
CI_k	0.003	0.001	0	0.005	0

$RI=0.58(n=3)$，$CI_k(k=1,2,\cdots,5)$ 均可通过一致性检验。

由表11-3和 $\boldsymbol{w}^{(2)}=(0.263,0.475,0.055,0.090,0.110)^{T}$ 可计算方案层对目标层的组合权向量：

方案 P_1 对目标的组合权重为 $0.595\times0.263+\cdots+0.166\times0.110\approx0.300$；

方案 P_2 对目标的组合权重为 $0.277\times0.263+\cdots+0.166\times0.110\approx0.246$；

方案 P_3 对目标的组合权重为 $0.129\times0.263+\cdots+0.668\times0.110\approx0.455$；

因此方案层对目标的组合权向量为 $(0.300,0.246,0.455)^{T}$，权重0.455最大，应选择方案 P_3，即去北戴河旅游。

层次分析法广泛应用于社会各领域，如经济计划和管理，能源政策和分配，人才选拔和评价，生产决策，交通运输，科研选题，产业结构，教育，医疗，环境，军事等中的决策问题都可以用它解决。

在实际应用中，建立层次分析结构模型是关键一步，要有主要决策层参与。而构造成对比较矩阵是数量依据，应由经验丰富、判断力强的专家给出。

11.4　层次分析法的优点与局限性

11.4.1　层次分析法的优点

层次分析法作为一种决策方法，具有如下优点：

(1) 系统性

层次分析法过程将对象视作系统，按照分解、比较、判断、综合的思维方式进行决策，这是一种系统分析的思想，与机理分析、测试分析并列。

(2) 实用性

这种方法将定性分析与定量分析相结合，能处理传统的优化方法不能解决的问题。

(3) 简洁性

计算简便，结果明确，便于决策者直接了解和掌握。

11.4.2　层次分析法的局限性

但层次分析也存在着一些不可忽视的局限性，具体归纳如下：

(1) 囿旧

决策结果只能从原方案中选优，不能产生新方案。

(2) 粗略

虽将定性分析一定程度上转化为定性分析，但结果较粗糙。

(3) 主观

主观因素作用大，不同的决策者可能会得到不同的决策结果，可能难以服人。

12 附 录

12.1 线性代数基本内容

12.1.1 创建一个向量

在R中可以用函数 *c*()来创建一个向量，例如：

```
>x=c(1,2,3,4)
>x
[1] 1 2 3 4
```

12.1.2 创建一个矩阵

在R中可以用函数 matrix()来创建一个矩阵，应用该函数时需要输入必要的参数值。

```
>args(matrix)
function (data=NA, nrow = 1, ncol = 1, byrow=FALSE, dimnames=NULL)
```

data 项为必要的矩阵元素，nrow 为行数，ncol 为列数，注意 nrow 与 ncol 的乘积应为矩阵元素个数，byrow 项控制排列元素是否按行进行，dimnames 给定行和列的名称。例如：

```
>matrix(1:12,nrow=3,ncol=4)
[,1] [,2] [,3] [,4]
[1,] 1 4 7 10
[2,] 2 5 8 11
[3,] 3 6 9 12
>matrix(1:12,nrow=4,ncol=3)
[,1] [,2] [,3]
[1,] 1 5  9
[2,] 2 6 10
[3,] 3 7 11
[4,] 4 8 12
> matrix(1:12,nrow=4,ncol=3,byrow=T)
[,1] [,2] [,3]
```

```
[1,]  1  2  3
[2,]  4  5  6
[3,]  7  8  9
[4,] 10 11 12
>rowname
[1] "r1" "r2" "r3"
>colname=c("c1","c2","c3","c4")
>colname
[1] "c1" "c2" "c3" "c4"
>matrix(1:12,nrow=3,ncol=4,dimnames=list(rowname,colname))
c1 c2 c3 c4
r1 1 4 7 10
r2 2 5 8 11
```

12.1.3　矩阵转置

$\boldsymbol{A}$ 为 $m\times n$ 矩阵，求 $\boldsymbol{A}'$在 R 中可用函数 $t()$，例如：

```
>A=matrix(1:12,nrow=3,ncol=4)
>A
[,1] [,2] [,3] [,4]
[1,] 1 4 7 10
[2,] 2 5 8 11
[3,] 3 6 9 12
> t(A)
[,1] [,2] [,3]
[1,] 1 2 3
[2,] 4 5 6
[3,] 7 8 9
[4,] 10 11 12
```

若将函数 $t()$作用于一个向量 $\boldsymbol{x}$，则 R 默认 $\boldsymbol{x}$ 为列向量，返回结果为一个行向量，例如：

```
>x
[1] 1 2 3 4 5 6 7 8 9 10
>t(x)
[,1] [,2] [,3] [,4] [,5] [,6] [,7] [,8] [,9] [,10]
[1,] 1 2 3 4 5 6 7 8 9 10
>class(x)
```

```
[1] "integer"
>class(t(x))
[1] "matrix"
```

若想得到一个列向量,可用 $t(t(x))$,例如:

```
>x
[1] 1 2 3 4 5 6 7 8 9 10
>t(t(x))
[,1]
[1,] 1
[2,] 2
[3,] 3
[4,] 4
[5,] 5
[6,] 6
[7,] 7
[8,] 8
[9,] 9
[10,] 10
>y=t(t(x))
>t(t(y))
[,1]
[1,] 1
[2,] 2
[3,] 3
[4,] 4
[5,] 5
[6,] 6
[7,] 7
[8,] 8
[9,] 9
[10,] 10
```

12.1.4 矩阵相加减

在R中对同行同列矩阵相加减,可用符号:"+""-",例如:

```
>A=B=matrix(1:12,nrow=3,ncol=4)
```

```
>A+B
[,1] [,2] [,3] [,4]
[1,] 2  8 14 20
[2,] 4 10 16 22
[3,] 6 12 18 24
>A-B
[,1] [,2] [,3] [,4]
[1,] 0 0 0 0
[2,] 0 0 0 0
[3,] 0 0 0 0
```

12.1.5 数与矩阵相乘

$\boldsymbol{A}$ 为 $m \times n$ 矩阵，$c>0$，在 R 中求 $c\boldsymbol{A}$ 可用符号："*"，例如：

```
>c=2
>c*A
[,1] [,2] [,3] [,4]
[1,] 2  8 14 20
[2,] 4 10 16 22
[3,] 6 12 18 24
```

12.1.6 矩阵相乘

$\boldsymbol{A}$ 为 $m \times n$ 矩阵，$\boldsymbol{B}$ 为 $n \times k$ 矩阵，在 R 中求 $\boldsymbol{AB}$ 可用符号："%*%"，例如：

```
>A=matrix(1:12,nrow=3,ncol=4)
>B=matrix(1:12,nrow=4,ncol=3)
>A%*%B
[,1] [,2] [,3]
[1,] 70 158 246
[2,] 80 184 288
[3,] 90 210 330
```

若 $\boldsymbol{A}$ 为 n×m 矩阵，要得到 $\boldsymbol{A'B}$，可用函数 crossprod()，该函数计算结果与 $t(\boldsymbol{A})$%*%$\boldsymbol{B}$ 相同，但是效率更高。例如：

```
>A=matrix(1:12,nrow=4,ncol=3)
>B=matrix(1:12,nrow=4,ncol=3)
```

```
>t(A)%*%B
[,1] [,2] [,3]
[1,]  30  70 110
[2,]  70 174 278
[3,] 110 278 446
>crossprod(A,B)
[,1] [,2] [,3]
[1,]  30  70 110
[2,]  70 174 278
[3,] 110 278 446
```

矩阵 Hadamard 积。若 $\boldsymbol{A}=\{a_{ij}\}m\times n,\boldsymbol{B}=\{b_{ij}\}m\times n$，则矩阵的 Hadamard 积定义为 $\boldsymbol{A}\odot\boldsymbol{B}=\{a_{ij}b_{ij}\}m\times n$，R 中 Hadamard 积可以直接运用运算符“*”，例如：

```
>A=matrix(1:16,4,4)
>A
[,1] [,2] [,3] [,4]
[1,] 1 5  9 13
[2,] 2 6 10 14
[3,] 3 7 11 15
[4,] 4 8 12 16
>B=A
>A*B
[,1] [,2] [,3] [,4]
[1,]  1 25  81 169
[2,]  4 36 100 196
[3,]  9 49 121 225
[4,] 16 64 144 256
```

R 中这两个运算符的区别需加以注意。

12.1.7 矩阵对角元素的相关运算

例如要取一个方阵的对角元素：

```
>A=matrix(1:16,nrow=4,ncol=4)
>A
[,1] [,2] [,3] [,4]
[1,] 1 5  9 13
[2,] 2 6 10 14
```

```
[3,] 3 7 11 15
[4,] 4 8 12 16
>diag(A)
[1] 1 6 11 16
```

对一个向量应用 diag()函数将产生以这个向量为对角元素的对角矩阵，例如：

```
>diag(diag(A))
[,1] [,2] [,3] [,4]
[1,] 1 0  0  0
[2,] 0 6  0  0
[3,] 0 0 11  0
[4,] 0 0  0 16
```

对一个正整数 z 应用 diag()函数将产生一 z 维单位矩阵，例如：

```
>diag(3)
[,1] [,2] [,3]
[1,] 1 0 0
[2,] 0 1 0
[3,] 0 0 1
```

12.1.8　矩阵求逆

矩阵求逆可用函数 solve()，应用 solve(a, b)运算结果是解线性方程组 $ax=b$，若 b 缺省，则系统默认为单位矩阵，因此可用其进行矩阵求逆，例如：

```
>a=matrix(rnorm(16),4,4)
>a
[,1] [,2] [,3] [,4]
[1,]   1.6986019   0.5239738   0.2332094   0.3174184
[2,]  -0.2010667   1.0913013  -1.2093734   0.8096514
[3,]  -0.1797628  -0.7573283   0.2864535   1.3679963
[4,]  -0.2217916  -0.3754700   0.1696771  -1.2424030
>solve(a)
[,1] [,2] [,3] [,4]
[1,]   0.9096360   0.54057479   0.7234861   1.3813059
[2,]  -0.6464172  -0.91849017  -1.7546836  -2.6957775
[3,]  -0.7841661  -1.78780083  -1.5795262  -3.1046207
```

```
[4,] -0.0741260 -0.06308603  0.1854137 -0.6607851
>solve (a) %*%a
[,1] [,2] [,3] [,4]
[1,]  1.000000e+00   2.748453e-17  -2.787755e-17  -8.023096e-17
[2,]  1.626303e-19   1.000000e+00  -4.960225e-18   6.977925e-16
[3,]  2.135878e-17  -4.629543e-17   1.000000e+00   6.201636e-17
[4,]  1.866183e-17   1.563962e-17   1.183813e-17   1.000000e+00
```

12.1.9 矩阵的特征值与特征向量

矩阵 $\boldsymbol{A}$ 的谱分解为 $\boldsymbol{A}=\boldsymbol{U\Lambda U'}$，其中 $\boldsymbol{\Lambda}$ 是由 $\boldsymbol{A}$ 的特征值组成的对角矩阵，$\boldsymbol{U}$ 的列为 $\boldsymbol{A}$ 的特征值对应的特征向量，在 R 中可以用函数 eigen()函数得到 $\boldsymbol{U}$ 和 $\boldsymbol{\Lambda}$：

```
>args(eigen)
function(x, symmetric, only.values=FALSE, EISPACK=FALSE)
```

其中：$\boldsymbol{x}$ 为矩阵，symmetric 项指定矩阵 $\boldsymbol{x}$ 是否为对称矩阵，若不指定，系统将自动检测 $\boldsymbol{x}$ 是否为对称矩阵。例如：

```
>A=diag(4)+1
>A
[,1] [,2] [,3] [,4]
[1,] 2 1 1 1
[2,] 1 2 1 1
[3,] 1 1 2 1
[4,] 1 1 1 2
>A.eigen=eigen(A,symmetric=T)
>A.eigen
values
[1] 5 1 1 1

vectors
[,1] [,2] [,3] [,4]
[1,]   0.5   0.8660254   0.000000e+00   0.0000000
[2,]   0.5  -0.2886751  -6.408849e-17   0.8164966
[3,]   0.5  -0.2886751  -7.071068e-01  -0.4082483
```

```
[4,]    0.5 -0.2886751    7.071068e-01 -0.4082483

>A.eigen$vectors%*%diag(A.eigen$values)%*%t(A.eigen$vectors)
[,1] [,2] [,3] [,4]
[1,] 2 1 1 1
[2,] 1 2 1 1
[3,] 1 1 2 1
[4,] 1 1 1 2
>t(A.eigen$vectors)%*%A.eigen$vectors
[,1] [,2] [,3] [,4]
[1,]   1.000000e+00    4.377466e-17    1.626303e-17   -5.095750e-18
[2,]   4.377466e-17    1.000000e+00   -1.694066e-18    6.349359e-18
[3,]   1.626303e-17   -1.694066e-18    1.000000e+00   -1.088268e-16
[4,]  -5.095750e-18    6.349359e-18   -1.088268e-16    1.000000e+00
```

12.1.10 矩阵的 Choleskey 分解

对于正定矩阵 $\boldsymbol{A}$，可对其进行 Choleskey 分解，即：$\boldsymbol{A}=\boldsymbol{P}'\boldsymbol{P}$，其中 $\boldsymbol{P}$ 为上三角矩阵，在 R 中可以用函数 chol()进行 Choleskey 分解，例如：

```
>A
[,1] [,2] [,3] [,4]
[1,] 2 1 1 1
[2,] 1 2 1 1
[3,] 1 1 2 1
[4,] 1 1 1 2
>chol(A)
[,1] [,2] [,3] [,4]
[1,] 1.414214 0.7071068 0.7071068 0.7071068
[2,] 0.000000 1.2247449 0.4082483 0.4082483
[3,] 0.000000 0.0000000 1.1547005 0.2886751
[4,] 0.000000 0.0000000 0.0000000 1.1180340
>t(chol(A))%*%chol(A)
[,1] [,2] [,3] [,4]
[1,] 2 1 1 1
[2,] 1 2 1 1
[3,] 1 1 2 1
```

```
[4,] 1 1 1 2
>crossprod(chol(A),chol(A))
[,1] [,2] [,3] [,4]
[1,] 2 1 1 1
[2,] 1 2 1 1
[3,] 1 1 2 1
[4,] 1 1 1 2
```

若矩阵为对称正定矩阵,可以利用 Choleskey 分解求行列式的值,如:

```
>prod(diag(chol(A))∧2)
[1] 5
>det(A)
[1] 5
```

若矩阵为对称正定矩阵,可以利用 Choleskey 分解求矩阵的逆,这时用函数chol2inv(),这种用法更有效。如:

```
>chol2inv(chol(A))
[,1] [,2] [,3] [,4]
[1,]   0.8 -0.2 -0.2 -0.2
[2,] -0.2   0.8 -0.2 -0.2
[3,] -0.2 -0.2   0.8 -0.2
[4,] -0.2 -0.2 -0.2   0.8
>solve(A)
[,1] [,2] [,3] [,4]
[1,]   0.8 -0.2 -0.2 -0.2
[2,] -0.2   0.8 -0.2 -0.2
[3,] -0.2 -0.2   0.8 -0.2
[4,] -0.2 -0.2 -0.2   0.8
```

12.1.11 矩阵奇异值分解

$\boldsymbol{A}$ 为 $m\times n$ 矩阵,$rank(\boldsymbol{A})=r$,可以分解为:$\boldsymbol{A}=\boldsymbol{UDV}'$,其中 $\boldsymbol{U}'\boldsymbol{U}=\boldsymbol{V}'\boldsymbol{V}=\boldsymbol{I}$。在 R 中可以用函数 scd()进行奇异值分解,例如:

```
>A=matrix(1:18,3,6)
>A
[,1] [,2] [,3] [,4] [,5] [,6]
```

```
[1,] 1 4 7 10 13 16
[2,] 2 5 8 11 14 17
[3,] 3 6 9 12 15 18
> svd(A)
d
[1] 4.589453e+01 1.640705e+00 3.627301e-16
u
[,1] [,2] [,3]
[1,] -0.5290354  0.74394551  0.4082483
[2,] -0.5760715  0.03840487 -0.8164966
[3,] -0.6231077 -0.66713577  0.4082483
v
[,1] [,2] [,3]
[1,] -0.07736219 -0.7196003 -0.18918124
[2,] -0.19033085 -0.5089325  0.42405898
[3,] -0.30329950 -0.2982646 -0.45330031
[4,] -0.41626816 -0.0875968 -0.01637004
[5,] -0.52923682  0.1230711  0.64231130
[6,] -0.64220548  0.3337389 -0.40751869
>A.svd=svd(A)
>A.svd$u%*%diag(A.svd$d)%*%t(A.svd$v)
[,1] [,2] [,3] [,4] [,5] [,6]
[1,] 1 4 7 10 13 16
[2,] 2 5 8 11 14 17
[3,] 3 6 9 12 15 18
>t(A.svd$u)%*%A.svd$u
[,1] [,2] [,3]
[1,]  1.000000e+00 -1.169312e-16 -3.016793e-17
[2,] -1.169312e-16  1.000000e+00 -3.678156e-17
[3,] -3.016793e-17 -3.678156e-17  1.000000e+00
>t(A.svd$v)%*%A.svd$v
[,1] [,2] [,3]
[1,]  1.000000e+00  8.248068e-17 -3.903128e-18
[2,]  8.248068e-17  1.000000e+00 -2.103352e-17
[3,] -3.903128e-18 -2.103352e-17  1.000000e+00
```

12.1.12 矩阵 *QR* 分解

A 为 $m\times n$ 矩阵可以进行 ***QR*** 分解，***A***=***QR***，其中：$\boldsymbol{Q}'\boldsymbol{Q}=\boldsymbol{I}$，在 R 中可以用函数 qr()进行 ***QR*** 分解，例如：

```
>A=matrix(1:16,4,4)
>qr(A)
qr
[,1] [,2] [,3] [,4]
[1,] -5.4772256-12.7801930 -2.008316e+01 -2.738613e+01
[2,]  0.3651484 -3.2659863 -6.531973e+00 -9.797959e+00
[3,]  0.5477226 -0.3781696   2.641083e-15   2.056562e-15
[4,]  0.7302967 -0.9124744   8.583032e-01  -2.111449e-16

rank
[1] 2

qraux
[1] 1.182574e+00 1.156135e+00 1.513143e+00 2.111449e-16

pivot
[1] 1 2 3 4

attr(,"class")
[1] "qr"
```

rank 项返回矩阵的秩，qr 项包含了矩阵 ***Q*** 和 ***R*** 的信息，要得到矩阵 ***Q*** 和 ***R***，可以用函数 qr.***Q***()和 qr.***R***()作用 qr()的返回结果，例如：

```
>qr.R(qr(A))
[,1] [,2] [,3] [,4]
[1,] -5.477226 -12.780193 -2.008316e+01 -2.738613e+01
[2,]  0.000000  -3.265986 -6.531973e+00 -9.797959e+00
[3,]  0.000000   0.000000   2.641083e-15   2.056562e-15
[4,]  0.000000   0.000000   0.000000e+00  -2.111449e-16
>qr.Q(qr(A))
```

```
[,1] [,2] [,3] [,4]
[1,]   -0.1825742  -8.164966e-01   -0.4000874  -0.37407225
[2,]   -0.3651484  -4.082483e-01    0.2546329   0.79697056
[3,]   -0.5477226  -8.131516e-19    0.6909965  -0.47172438
[4,]   -0.7302967   4.082483e-01   -0.5455419   0.04882607
>qr.Q(qr(A))%*%qr.R(qr(A))
[,1] [,2] [,3] [,4]
[1,] 1 5  9 13
[2,] 2 6 10 14
[3,] 3 7 11 15
[4,] 4 8 12 16
> t(qr.Q(qr(A)))%*%qr.Q(qr(A))
[,1] [,2] [,3] [,4]
[1,] 1.000000e+00  -1.457168e-16  -6.760001e-17  -7.659550e-17
[2,] -1.457168e-16  1.000000e+00  -4.269046e-17   7.011739e-17
[3,] -6.760001e-17  -4.269046e-17  1.000000e+00  -1.596437e-16
[4,] -7.659550e-17   7.011739e-17  -1.596437e-16  1.000000e+00
>qr.X(qr(A))
[,1] [,2] [,3] [,4]
[1,] 1 5  9 13
[2,] 2 6 10 14
[3,] 3 7 11 15
[4,] 4 8 12 16
```

12.1.13　矩阵广义逆(Moore-Penrose)

$n\times m$ 矩阵 **A**+称为 $m\times n$ 矩阵 **A** 的 Moore-Penrose 逆，如果它满足下列条件：

① **A A**+**A**=**A**；

② **A**+**A A**+= **A**+；

③ (**A A**+)**H**=**A A**+；

④ (**A**+**A**)**H**=**A**+**A**。

在 R 的 *MASS* 包中的函数 ginv()可计算矩阵 **A** 的 Moore-Penrose 逆，例如：

```
library("MASS")
> A
[,1] [,2] [,3] [,4]
```

```
[1,] 1 5  9 13
[2,] 2 6 10 14
[3,] 3 7 11 15
[4,] 4 8 12 16
> ginv(A)
[,1] [,2] [,3] [,4]
[1,] -0.285 -0.1075   0.07   0.2475
[2,] -0.145 -0.0525   0.04   0.1325
[3,] -0.005   0.0025   0.01   0.0175
[4,]   0.135   0.0575 -0.02 -0.0975
```

验证性质①：

```
>A% * %ginv(A)% * %A
[,1] [,2] [,3] [,4]
[1,] 1 5  9 13
[2,] 2 6 10 14
[3,] 3 7 11 15
[4,] 4 8 12 16
```

验证性质②：

```
>ginv(A)% * %A% * %ginv(A)
[,1] [,2] [,3] [,4]
[1,] -0.285 -0.1075   0.07   0.2475
[2,] -0.145 -0.0525   0.04   0.1325
[3,] -0.005   0.0025   0.01   0.0175
[4,]   0.135   0.0575 -0.02 -0.0975
```

验证性质③：

```
>t(A% * %ginv(A))
[,1] [,2] [,3] [,4]
[1,]   0.7 0.4 0.1 -0.2
[2,]   0.4 0.3 0.2   0.1
[3,]   0.1 0.2 0.3   0.4
[4,] -0.2 0.1 0.4   0.7
>A% * %ginv(A)
[,1] [,2] [,3] [,4]
```

```
[1,]   0.7 0.4 0.1 -0.2
[2,]   0.4 0.3 0.2  0.1
[3,]   0.1 0.2 0.3  0.4
[4,] -0.2 0.1 0.4  0.7
```

验证性质④：

```
>t(ginv(A)%*%A)
[,1] [,2] [,3] [,4]
[1,]   0.7 0.4 0.1 -0.2
[2,]   0.4 0.3 0.2  0.1
[3,]   0.1 0.2 0.3  0.4
[4,] -0.2 0.1 0.4  0.7
>ginv(A)%*%A
[,1] [,2] [,3] [,4]
[1,]   0.7 0.4 0.1 -0.2
[2,]   0.4 0.3 0.2  0.1
[3,]   0.1 0.2 0.3  0.4
[4,] -0.2 0.1 0.4  0.7
```

12.1.14　矩阵 Kronecker 积

$n \times m$ 矩阵 $\boldsymbol{A}$ 与 $h \times k$ 矩阵 $\boldsymbol{B}$ 的 kronecker 积为一个 $nh \times mk$ 维矩阵，在 R 中 kronecker 积可以用函数 kronecker()来计算，例如：

```
>A=matrix(1:4,2,2)
>B=matrix(rep(1,4),2,2)
>A
[,1] [,2]
[1,] 1 3
[2,] 2 4
>B
[,1] [,2]
[1,] 1 1
[2,] 1 1
>kronecker(A,B)
[,1] [,2] [,3] [,4]
[1,] 1 1 3 3
[2,] 1 1 3 3
```

```
[3,] 2 2 4 4
[4,] 2 2 4 4
```

12.1.15 矩阵的维数

在R中很容易得到一个矩阵的维数，函数dim()将返回一个矩阵的维数，nrow()返回行数，ncol()返回列数，例如：

```
>A=matrix(1:12,3,4)
>A
[,1] [,2] [,3] [,4]
[1,] 1 4 7 10
[2,] 2 5 8 11
[3,] 3 6 9 12
>nrow(A)
[1] 3
> ncol(A)
[1] 4
```

12.1.16 矩阵的行和、列和、行平均与列平均

在R中很容易求得一个矩阵的各行的和、平均数与列的和、平均数，例如：

```
>A
[,1] [,2] [,3] [,4]
[1,] 1 4 7 10
[2,] 2 5 8 11
[3,] 3 6 9 12
> owSums(A)
[1] 22 26 30
>rowMeans(A)
[1] 5.5 6.5 7.5
>colSums(A)
[1] 6 15 24 33
>colMeans(A)
[1] 2 5 8 11
```

上述关于矩阵行和列的操作，还可以使用apply()函数实现。

```
>args(apply)
function (X,MARGIN,FUN,…)
```

其中:*x* 为矩阵,MARGIN 用来指定是对行运算还是对列运算,MARGIN=1 表示对行运算,MARGIN=2 表示对列运算,FUN 用来指定运算函数,…用来给定 FUN 中需要的其他的参数,例如:

```
>apply(A,1,sum)
[1] 22 26 30
>apply(A,1,mean)
[1] 5.5 6.5 7.5
>apply(A,2,sum)
[1] 6 15 24 33
>apply(A,2,mean)
[1] 2 5 8 11
```

apply()函数功能强大,我们可以对矩阵的行或者列进行其他运算,例如计算每一列的方差:

```
>A=matrix(rnorm(100),20,5)
>apply(A,2,var)
[1] 0.4641787 1.4331070 0.3186012 1.3042711 0.5238485
>apply(A,2,function(x,a)x * a,a=2)
[,1] [,2] [,3] [,4]
[1,] 2  8 14 20
[2,] 4 10 16 22
[3,] 6 12 18 24
```

注意:apply(A,2,function(x,a)x * a,a=2)与 A * 2 效果相同,此处旨在说明如何应用 alpply 函数。

12.1.17 矩阵 $X'X$ 的逆

在统计计算中,我们常常需要计算这样矩阵的逆,如 OLS 估计中求系数矩阵。R 中的包"strucchange"提供了有效的计算方法。

```
>args(solveCrossprod)
function (X, method=c("qr", "chol", "solve"))
```

其中:method 指定求逆方法,选用"qr"效率最高,选用"chol"精度最高,选用"slove"与

slove(crossprod(x,x))效果相同,例如:

```
>A=matrix(rnorm(16),4,4)
>solveCrossprod(A,method="qr")
[,1] [,2] [,3] [,4]
[1,]  0.6132102 -0.1543924 -0.2900796  0.2054730
[2,] -0.1543924  0.4779277  0.1859490 -0.2097302
[3,] -0.2900796  0.1859490  0.6931232 -0.3162961
[4,]  0.2054730 -0.2097302 -0.3162961  0.3447627
>solveCrossprod(A,method="chol")
[,1] [,2] [,3] [,4]
[1,]  0.6132102 -0.1543924 -0.2900796  0.2054730
[2,] -0.1543924  0.4779277  0.1859490 -0.2097302
[3,] -0.2900796  0.1859490  0.6931232 -0.3162961
[4,]  0.2054730 -0.2097302 -0.3162961  0.3447627
>solveCrossprod(A,method="solve")
[,1] [,2] [,3] [,4]
[1,]  0.6132102 -0.1543924 -0.2900796  0.2054730
[2,] -0.1543924  0.4779277  0.1859490 -0.2097302
[3,] -0.2900796  0.1859490  0.6931232 -0.3162961
[4,]  0.2054730 -0.2097302 -0.3162961  0.3447627
>solve(crossprod(A,A))
[,1] [,2] [,3] [,4]
[1,]  0.6132102 -0.1543924 -0.2900796  0.2054730
[2,] -0.1543924  0.4779277  0.1859490 -0.2097302
[3,] -0.2900796  0.1859490  0.6931232 -0.3162961
[4,]  0.2054730 -0.2097302 -0.3162961  0.3447627
```

12.1.18 取矩阵的上、下三角部分

在 R 中,我们可以很方便地取到一个矩阵的上、下三角部分的元素,函数 lower. tri()和函数 upper. tri()提供了有效的方法。

```
>args(lower.tri)
function (x, diag = FALSE)
```

函数将返回一个逻辑值矩阵,其中下三角部分为真,上三角部分为假,选项 diag 为真时包含对角元素,为假时不包含对角元素。upper. tri()的效果与之孑然相反。例如:

```
>A
[,1] [,2] [,3] [,4]
[1,] 1 5  9 13
[2,] 2 6 10 14
[3,] 3 7 11 15
[4,] 4 8 12 16
>lower.tri(A)
[,1] [,2] [,3] [,4]
[1,] FALSE FALSE FALSE FALSE
[2,]  TRUE FALSE FALSE FALSE
[3,]  TRUE  TRUE FALSE FALSE
[4,]  TRUE  TRUE  TRUE FALSE
>lower.tri(A,diag=T)
[,1] [,2] [,3] [,4]
[1,]  TRUE FALSE FALSE FALSE
[2,]  TRUE  TRUE FALSE FALSE
[3,]  TRUE  TRUE  TRUE FALSE
[4,]  TRUE  TRUE  TRUE  TRUE
>upper.tri(A)
[,1] [,2] [,3] [,4]
[1,] FALSE  TRUE  TRUE  TRUE
[2,] FALSE FALSE  TRUE  TRUE
[3,] FALSE FALSE FALSE  TRUE
[4,] FALSE FALSE FALSE FALSE
>upper.tri(A,diag=T)
[,1] [,2] [,3] [,4]
[1,]  TRUE  TRUE  TRUE  TRUE
[2,] FALSE  TRUE  TRUE  TRUE
[3,] FALSE FALSE  TRUE  TRUE
[4,] FALSE FALSE FALSE  TRUE
>A[lower.tri(A)]=0
>A
```

```
[,1] [,2] [,3] [,4]
[1,] 1 5  9 13
[2,] 0 6 10 14
[3,] 0 0 11 15
[4,] 0 0  0 16
> A[upper.tri(A)]=0
> A
[,1] [,2] [,3] [,4]
[1,] 1 0  0  0
[2,] 2 6  0  0
[3,] 3 7 11  0
[4,] 4 8 12 16
```

12.1.19 backsolve&fowardsolve 函数

这两个函数用于解特殊线性方程组，其特殊之处在于系数矩阵为上或下三角。

```
>args(backsolve)
function (r, x, k = ncol(r), upper.tri = TRUE, transpose = FALSE)
>args(forwardsolve)
function (l, x, k = ncol(l), upper.tri = FALSE, transpose = FALSE)
```

其中：***r*** 或者 ***l*** 为 $n \times n$ 维三角矩阵，***x*** 为 $n \times 1$ 维向量，对给定不同的 upper.tri 和 transpose 的值，方程的形式不同。

对于函数 backsolve()而言，例如：

```
>A=matrix(1:9,3,3)
>A
[,1] [,2] [,3]
[1,] 1 4 7
[2,] 2 5 8
[3,] 3 6 9
>x=c(1,2,3)
>x
[1] 1 2 3
> B=A
>B[upper.tri(B)]=0
>B
[,1] [,2] [,3]
```

```
[1,] 1 0 0
[2,] 2 5 0
[3,] 3 6 9
>C=A
>C[lower.tri(C)]=0
>C
[,1] [,2] [,3]
[1,] 1 4 7
[2,] 0 5 8
[3,] 0 0 9
>backsolve(A,x,upper.tri=T,transpose=T)
[1] 1.00000000 -0.40000000 -0.08888889
>solve(t(C),x)
[1] 1.00000000 -0.40000000 -0.08888889
>backsolve(A,x,upper.tri=T,transpose=F)
[1] -0.8000000 -0.1333333 0.3333333
>solve(C,x)
[1] -0.8000000 -0.1333333 0.3333333
>backsolve(A,x,upper.tri=F,transpose=T)
[1] 1.111307e-17 2.220446e-17 3.333333e-01
>solve(t(B),x)
[1] 1.110223e-17 2.220446e-17 3.333333e-01
>backsolve(A,x,upper.tri=F,transpose=F)
[1] 1 0 0
>solve(B,x)
[1] 1.000000e+00 -1.540744e-33 -1.850372e-17
```

对于函数 forwardsolve()而言,例如:

```
>A
[,1] [,2] [,3]
[1,] 1 4 7
[2,] 2 5 8
[3,] 3 6 9
> B
[,1] [,2] [,3]
[1,] 1 0 0
[2,] 2 5 0
[3,] 3 6 9
```

```
>C
[,1] [,2] [,3]
[1,] 1 4 7
[2,] 0 5 8
[3,] 0 0 9
>x
[1] 1 2 3
> forwardsolve(A,x,upper.tri=T,transpose=T)
[1] 1.00000000 -0.40000000 -0.08888889
> solve(t(C),x)
[1] 1.00000000 -0.40000000 -0.08888889
>forwardsolve(A,x,upper.tri=T,transpose=F)
[1] -0.8000000 -0.1333333 0.3333333
>solve(C,x)
[1] -0.8000000 -0.1333333 0.3333333
>forwardsolve(A,x,upper.tri=F,transpose=T)
[1] 1.111307e-17 2.220446e-17 3.333333e-01
>solve(t(B),x)
[1] 1.110223e-17 2.220446e-17 3.333333e-01
>forwardsolve(A,x,upper.tri=F,transpose=F)
[1] 1 0 0
>solve(B,x)
[1] 1.000000e+00 -1.540744e-33 -1.850372e-17
```

12.1.20 row()与 col()函数

在 R 中定义了的这两个函数用于取矩阵元素的行或列下标矩阵，例如矩阵 $\boldsymbol{A}=\{a_{ij}\}_{m\times n}$，$row()$ 函数将返回一个与矩阵 **A** 有相同维数的矩阵，该矩阵的第 i 行第 j 列元素为 i，函数 col()类似。例如：

```
>x=matrix(1:12,3,4)
>row(x)
[,1] [,2] [,3] [,4]
[1,] 1 1 1 1
[2,] 2 2 2 2
[3,] 3 3 3 3
> col(x)
[,1] [,2] [,3] [,4]
[1,] 1 2 3 4
```

```
[2,] 1 2 3 4
[3,] 1 2 3 4
```

这两个函数同样可以用于取一个矩阵的上下三角矩阵，例如：

```
>x
[,1] [,2] [,3] [,4]
[1,] 1 4 7 10
[2,] 2 5 8 11
[3,] 3 6 9 12
>x[row(x)<col(x)]=0
>x
[,1] [,2] [,3] [,4]
[1,] 1 0 0 0
[2,] 2 5 0 0
[3,] 3 6 9 0
>x=matrix(1:12,3,4)
>x[row(x)>col(x)]=0
>x
[,1] [,2] [,3] [,4]
[1,] 1 4 7 10
[2,] 0 5 8 11
[3,] 0 0 9 12
```

12.1.21　行列式的值

在 R 中，函数 det(x)将计算方阵 x 的行列式的值，例如：

```
>x=matrix(rnorm(16),4,4)
>x
[,1] [,2] [,3] [,4]
[1,] -1.0736375  0.2809563 -1.5796854  0.51810378
[2,] -1.6229898 -0.4175977  1.2038194 -0.06394986
[3,] -0.3989073 -0.8368334 -0.6374909 -0.23657088
[4,]  1.9413061  0.8338065 -1.5877162 -1.30568465
> det(x)
[1] 5.717667
```

12.1.22 向量化算子

在 R 中可以很容易地实现向量化算子，例如：

```
vec<-function (x){
t(t(as.vector(x)))
}
vech<-function (x){
t(x[lower.tri(x,diag=T)])
}
> x=matrix(1:12,3,4)
>x
[,1] [,2] [,3] [,4]
[1,] 1 4 7 10
[2,] 2 5 8 11
[3,] 3 6 9 12
>vec(x)
[,1]
[1,] 1
[2,] 2
[3,] 3
[4,] 4
[5,] 5
[6,] 6
[7,] 7
[8,] 8
[9,] 9
[10,] 10
[11,] 11
[12,] 12
>vech(x)
[,1] [,2] [,3] [,4] [,5] [,6]
[1,] 1 2 3 5 6 9
```

12.1.23 时间序列的滞后值

在时间序列分析中，我们常常要用到一个序列的滞后序列，*R* 中的包“fMultivar”中的函数 tslag()提供了这个功能。

```
>args(tslag)
function (x,k=1,trim=FALSE)
```

其中：x 为一个向量，k 指定滞后阶数，可以是一个自然数列，若 trim 为假，则返回序列与原序列长度相同，但含有 NA 值；若 trim 项为真，则返回序列中不含有 NA 值，例如：

```
>x=1:20
>tslag(x,1:4,trim=F)
[,1] [,2] [,3] [,4]
[1,]  NA NA NA NA
[2,]   1 NA NA NA
[3,]   2  1 NA NA
[4,]   3  2  1 NA
[5,]   4  3  2  1
[6,]   5  4  3  2
[7,]   6  5  4  3
[8,]   7  6  5  4
[9,]   8  7  6  5
[10,]  9  8  7  6
[11,] 10  9  8  7
[12,] 11 10  9  8
[13,] 12 11 10  9
[14,] 13 12 11 10
[15,] 14 13 12 11
[16,] 15 14 13 12
[17,] 16 15 14 13
[18,] 17 16 15 14
[19,] 18 17 16 15
[20,] 19 18 17 16
>tslag(x,1:4,trim=T)
[,1] [,2] [,3] [,4]
[1,]   4  3  2  1
[2,]   5  4  3  2
[3,]   6  5  4  3
```

```
[4,]    7   6   5   4
[5,]    8   7   6   5
[6,]    9   8   7   6
[7,]   10   9   8   7
[8,]   11  10   9   8
[9,]   12  11  10   9
[10,]  13  12  11  10
[11,]  14  13  12  11
[12,]  15  14  13  12
[13,]  16  15  14  13
[14,]  17  16  15  14
[15,]  18  17  16  15
[16,]  19  18  17  16
```

12.2 微积分计算实例

① 计算向量、矩阵差分。程序如下：

```
>x=1:5
>x
>diff(x)
[1] 1 1 1 1
>y=1:12
>z=matrix(y,3,4,T)
>z
>diff(z)
     [,1] [,2] [,3] [,4]
[1,] 4 4 4 4
[2,] 4 4 4 4
> diff(x,diff=2)
[1] 0 0 0
```

② 求一元函数导数。程序如下：

```
f=expression((5*x)/(1+x^2))
```

```
D(f,"x")

f=expression(2 * x∧2)
D(f,"x")
```

③ 求二元函数偏导数及梯度。程序如下：

```
f=deriv(z~x∧2+y∧2+x * y,c('x','y'),func=T, hessian=F)
f
f(1,2)
```

【例 12-1】 梯形积分：$\int_{-1}^{1} e^{-x^2} dx$ 。

解：程序如下。

```
trape=function(fun,a,b,tol=1e-6){
N=1;h=b-a
T=h/2 * (fun(a)+fun(b))
repeat{
h=h/2;x=a+(2 * 1:N-1) * h
I=T/2+h * sum(fun(x))
if(abs(I-T)<tol) break
N=2 * N;T=I}
I}
source("trape.R")
f=function(x) exp(-x∧2)
trape(f,-1,1)
```

④ 高精度积分。程序如下：

```
f=function(x) exp(-x∧2)
integrate(f,-1,1)
```

【例 12-2】 简单二重积分：$\int_{-2}^{2}\int_{-1}^{1}(1-\frac{x}{4}-\frac{y}{4})dxdy$。

解：程序如下。

```
library(cubature)
f<-function(x){
1-x[1]/4-x[2]/3
```

```
}
adaptIntegrate(f, c(-2, -1), c(2, 1), maxEval=10000)
```

【例 12-3】 直接求和计算。

解:程序如下。

```
n=5;h=seq(0.1,0.9,by=0.2)
fun=function(h)(2-(exp(2*h)+exp(-2*h))/5)
r=fun(h)
r
w=pi*1/n*sum(r^2)
w
```

⑤ 转化为定积分。程序如下:

```
f=function(h)(2-(exp(2*h)+exp(-2*h))/5)^2
I=pi*integrate(f,0,1)
as.character(I)
I=as.numeric(I[1])
w=I*pi
w
```

【例 12-4】 程序如下。

```
R<-5
b<-0.1
g<-9.81
z1<-0.5-R
z2<-R
n<-100
h<-(z2-z1)/n
#z=z1:h:z2
f<-function(z)(R^2-z^2)/(b^2*sqrt(2*g*(z+R)))
I=integrate(f,z1,z2)
I
as.character(I)
I=as.numeric(I[1])
t=I/60/60
t
```

参考文献

[1] DALGAARD P. R语言统计入门[M]. 郝智恒,何通,邓一硕,等译. 2版. 北京:人民邮电出版社,2014.
[2] KABACOFF R I. R语言实战[M]. 王小宁,刘撷芯,黄俊文,等译. 2版. 北京:人民邮电出版社,2016.
[3] 本德 E A. 数学模型引论[M]. 朱尧辰,徐伟宣,译. 北京:科学普及出版社,1982.
[4] 陈兰荪. 数学生态学模型与研究方法[M]. 北京:科学出版社,1988.
[5] 陈卫东,蔡荫林,于诗源. 工程优化方法[M]. 哈尔滨:哈尔滨工程大学出版社,2006.
[6] 范金城,梅长林. 数据分析[M]. 2版. 北京:科学出版社,2010.
[7] 方开泰,刘民千,周永道. 试验设计与建模[M]. 北京:高等教育出版社,2011.
[8] 丰士昌. 零基础学R语言:数学计算、统计模型与金融大数据分析[M]. 北京:清华大学出版社,2018.
[9] 高惠璇. 应用多元统计分析[M]. 北京:北京大学出版社,2005.
[10] 郭金玉,张忠彬,孙庆云. 层次分析法的研究与应用[J]. 中国安全科学学报,2008,18(5):148-153.
[11] 何晓群. 多元统计分析[M]. 北京:中国人民大学出版社,2004.
[12] 何晓群,刘文卿. 应用回归分析[M]. 4版. 北京:中国人民大学出版社,2017.
[13] 贾俊平,何晓群,金勇进. 统计学[M]. 6版. 北京:中国人民大学出版社,2015.
[14] 姜启源. 数学模型[M]. 2版. 北京:高等教育出版社,1993.
[15] 李志西,杜双奎. 试验优化设计与统计分析[M]. 北京:科学出版社,2010.
[16] 刘长文,张超. 高等数学[M]. 3版. 北京:中国农业出版社,2017.
[17] 刘超. 回归分析:方法、数据与R的应用[M]. 北京:高等教育出版社,2019.
[18] 刘强,裴艳波,张贝贝. R语言与现代统计方法[M]. 北京:清华大学出版社,2016.
[19] 明道绪. 生物统计附试验设计[M]. 4版. 北京:中国农业出版社,2015.
[20] 宋健,于景元. 人口控制论[M]. 北京:科学出版社,1985.
[21] 汪海波,罗莉,汪海玲. R语言统计分析与应用[M]. 北京:人民邮电出版社,2018.
[22] 汪朋. 主成分回归克服多重共线性的R语言实现[J]. 科技资讯,2015(28):251-252.
[23] 王怀亮. R软件在系统聚类分析中的应用[J]. 合作经济与科技,2011(14):126-127.
[24] 王松桂,陈敏,陈立萍. 线性统计模型:线性回归与方差分析[M]. 北京:高等教育出版社,1999.
[25] 魏景海. 基于R下的主成分分析及应用[J]. 哈尔滨师范大学自然科学学报,2014,30(4):36-39.
[26] 薛毅,陈立萍. 统计建模与R软件[M]. 北京:清华大学出版社,2007.
[27] 闫朝晖. R软件在多元统计分析教学中的应用研究[J]. 科技创新导报,2011(1):157-158.
[28]《运筹学》教材编写组. 运筹学[M]. 3版. 北京:清华大学出版社,2005.

[29] 张翠娟，冯学军，盛敏．因子分析开发步骤及R语言程序代码实现[J]．安庆师范学院学报（自然科学版），2013，19（2）：28-31.
[30] 张尧庭，方开泰．多元统计分析引论[M]．北京：科学出版社，2003.
[31] 赵选民．试验设计方法[M]．北京：科学出版社，2006.